OSTWALDS KLASSIKER
DER EXAKTEN WISSENSCHAFTEN
Band 256

Carl Friedrich Gauß
30.4.1777 – 23.2.1855

OSTWALDS KLASSIKER
DER EXAKTEN WISSENSCHAFTEN
Band 256

Mathematisches Tagebuch
1796–1814

von

Carl Friedrich Gauß

Mit einer historischen Einführung
von Kurt-R. Biermann

Durchgesehen und mit Anmerkungen versehen
von Hans Wußing und Olaf Neumann

Verlag Harri Deutsch

Die Reproduktionen für den Abdruck des Tagebuchs wurden von der Niedersächsischen Staats- und Universitätsbibliothek freundlicherweise zur Verfügung gestellt.

Bibliografische Information Der Deutschen Nationalbibliothek

Die Deutsche Nationalbibliothek verzeichnet diese Publikation in der Deutschen Nationalbibliografie; detaillierte bibliografische Daten sind im Internet über ⟨ http://dnb.d-nb.de ⟩ abrufbar.

ISBN 978-3-8171-3402-1

5., vollständig überarbeitete Auflage 2005, 2009

Druck: betz-druck GmbH, Darmstadt

Printed in Germany

Inhaltsverzeichnis

Vorwort zur fünften Auflage **3**

Vorwort zur ersten Auflage **5**

Historische Einführung **7**

Reproduktion des Tagebuchs **25**

Übersetzung des Tagebuchs **65**

Anmerkungen zum Tagebuch **133**
Vorliegende ausführliche Kommentare 134
Kurze Bibliographie der Kommentatoren 139
Erläuterungen der Notizen 145
Abschließende Bemerkung 234

Vorwort zur fünften Auflage

Das mathematische Tagebuch von Gauß sowie seine Werke finden bis in die Gegenwart hinein anhaltende Resonanz bei allen, die an der Mathematik und ihrer Geschichte interessiert sind. Davon zeugen in den letzten Jahrzehnten sowohl ein zweiter Nachdruck der Werke (1981) als auch eine englische annotierte Übersetzung des Tagebuchs (1984, letzter Nachdruck 2004). Überdies sind inzwischen weitere Kommentare zu einzelnen Notizen des Tagebuchs erschienen.

Nach wie vor ist das Tagebuch von Gauß die wichtigste Quelle für die zeitliche Abfolge und zum Teil auch für die inneren Zusammenhänge der Entdeckungen von Gauß in den Jahren 1796–1814.

Dies betrifft insbesondere die Entstehungsgeschichte der „Disquisitiones Arithmeticae“, des zahlentheoretischen Hauptwerkes von Gauß, dessen Erscheinen sich im Jahre 2001 zum 200. Male jährte.

Deshalb erscheint es uns im Gauß-Jahr 2005 – am 23. Februar jährte sich sein Todestag zum 150. Mal – mehr als gerechtfertigt, eine fünfte Auflage der deutschen Übersetzung mit erweiterten Kommentaren und aktualisierter Bibliografie vorzulegen. Besonderer Dank gebührt Prof. Dr. habil. Kurt-R. Biermann (1919–2002, Berlin), der uns in einer brieflichen Mitteilung zu einer Verbesserung der Übersetzung anregte und uns vor allem auf seine inzwischen publizierte Enträtselung (1997) des Eintrags Nr. 43 aufmerksam machte.

Der Nutzwert der neuen Auflage wird durch Doppelungen der Texte deutlich verbessert: Jeweils auf Doppelseiten sind im ersten Teil handschriftlicher und lateinischer Text gegenübergestellt, im zweiten Teil lateinischer und deutscher Text und im dritten Teil schließlich deutscher Text und die erweiterten Kommentare.

Jena, im April 2005 O. Neumann

Vorwort zur ersten Auflage

Wissenschaftliche Tagebücher haben einen ganz besonderen Reiz. Der 200. Geburtstag von CARL FRIEDRICH GAUSS (1777–1855) bietet einen aktuellen Anlaß, sein berühmtes mathematisches Tagebuch in der traditionsreichen Reihe von „Ostwalds Klassikern der exakten Wissenschaften" neu und damit in einer leicht zugänglichen Form und erstmals auch mit einer Übertragung des lateinisch geschriebenen Originals ins Deutsche herauszugeben.

Bei der Übersetzung stand nicht die sprachliche Eleganz im Vordergrund, sondern das Bemühen, die Eigenheiten des Stiles von Gauß möglichst wortgetreu wiederzugeben. Auch war zu bedenken, daß es sich bei dem Tagebuch um Notizen für den persönlichen Gebrauch und nicht um Mitteilungen an Dritte handelt. Wo es sich zwanglos durchführen ließ, wurden innerhalb des deutschsprachigen Textes die mathematischen Formeln modernisiert.

Das schwierige Vorhaben dieser Neuausgabe konnte nur das Ergebnis vertrauensvoller interdisziplinärer Zusammenarbeit von Mathematikern, Philologen, Mathematikhistorikern und dem Verlag sein. Herzlicher Dank gilt allen, die zum Gelingen dieses Werkes beigetragen haben, den Herren Prof. Dr. H. Beckert (Leipzig), Dr. P. Flury (Thesaurusbüro München), Dr. G. Chr. Hansen (Berlin),

H.-J. Ilgauds (Leipzig), Prof. Dr. O.-H. Keller (Halle), Prof. Dr. H. Salié (Leipzig), K.-H. Schlote (Leipzig), Dr. R.-R. Thiele (Halle), Prof. Dr. E. Zeidler (Leipzig), ganz besonders Frau Dr. E. Schuhmann (Leipzig), und den Herren Prof. Dr. K.-R. Biermann (Berlin), Prof. Dr. G. Eisenreich (Leipzig) und Prof. Dr. W. Engel (Rostock).

Leipzig, im November 1975 H. Wußing

Historische Einführung

Biermann, Kurt-R. (1919–2002)

Wenn CARL FRIEDRICH GAUSS (1777–1855), der größte Mathematiker der Neuzeit, auf ihm mitgeteilte neue mathematische Ergebnisse in aller Regel mit dem Hinweis reagierte, diese Resultate seien ihm schon seit längerer Zeit, häufig schon seit seiner Jugend bekannt, so wußten seine engeren Freunde, daß er die volle Wahrheit sprach. Sie versuchten wiederholt, ihn zur öffentlichen Bekanntmachung seiner Funde zu veranlassen. Das war freilich vergebliche Liebesmühe; GAUSS nahm solche Bitten und Ratschläge höchst ungnädig auf.[1] Der Liebhaberastronom und Arzt WILHELM OLBERS (1758–1840), ein vertrauter Freund von Gauß, schrieb am 25. Januar 1825 an den ihm und Gauß befreundeten Astronomen FRIEDRICH WILHELM BESSEL (1784–1846):

> „Gauß scheint mir aber immer erst selbst die schönsten Früchte pflücken zu wollen, zu denen der von ihm gefundene und gebahnte Weg hinführt, ehe er anderen denselben zeigt. Ich halte dies für eine kleine Schwachheit des sonst so großen Mannes, um so weniger zu erklären, da er bei seinem unermeßlichen Reichtum an

[1] Biermann, Kurt-R.: Über die Beziehungen zwischen C. F. Gauß und F. W. Bessel. Mitt. Gauß-Ges. 3 (1966) S. 7–20; insbes. S. 10–12.

Ideen so vieles wegzuschenken hat".[2]

Die Freunde also zweifelten nicht an GAUSS' Priorität; sie versuchten nur erfolglos, ihn dazu zu bewegen, seine Mitwelt an allen seinen Erkenntnissen teilhaben zu lassen, denn sie waren mit BESSEL einer Meinung, wenn dieser an GAUSS schrieb:

> „Wo würden die mathematischen Wissenschaften nicht allein in Ihrer Wohnung, sondern in ganz Europa jetzt sein, wenn Sie alles ausgesprochen hätten, was Sie aussprechen konnten!"[3]

Ihm ferner stehende, vor allem jüngere Zeitgenossen waren jedoch nicht so sicher, ob der „Fürst der Mathematiker" nicht doch hie und da etwas übertreibe, oder sie vermuteten, GAUSS wolle oder könne fremdes Verdienst nicht gelten lassen.

Je mehr indessen von seinem Briefwechsel publiziert wurde, desto eindrucksvoller zeigte es sich, wieviele Ergebnisse GAUSS besessen hat, deren er in seinen fundamentalen Veröffentlichungen keine Erwähnung getan hat. So stellte beispielsweise KARL WEIERSTRASS (1815–1897), der wohl hervorragendste Mathematiker der zweiten Hälfte des neunzehnten Jahrhunderts, nach dem Erscheinen des Briefwechsels zwischen GAUSS und BESSEL 1880 mit bewunderndem Staunen fest, „daß GAUSS schon im Anfange des Jahrhunderts im Besitze der wesentlichsten Grundgedanken unserer heutigen Analysis gewesen ist".[4]

Wir wissen, warum GAUSS längst nicht alle Früchte seiner mathematischen Forschungen publiziert hat und daß

---

[2] Briefwechsel zwischen W. Olbers und F. W. Bessel. Hrsg. v. Adolph Erman. Bd. 2. Leipzig 1852. S. 268.

[3] F. W. Bessel an C. F. Gauß, 28. 5. 1837. Briefwechsel zwischen Gauß und Bessel. [Hrsg. v. Arthur Auwers.] Leipzig 1880. S. 516–517.

[4] An H. A. Schwarz, 20. 12. 1880. Siehe Fußnote 1, S. 12–13.

Olbers mit seiner zitierten Annahme nicht recht hatte. Es kamen mehrere Gründe zusammen: Einmal waren es seine Befürchtung, auf Unverständnis zu stoßen, und seine Abneigung gegen daraus resultierende Kontroversen. So hat er beispielsweise nichts über nichteuklidische Geometrie veröffentlicht, weil er das „Geschrei der Boeoter", der Ignoranten also, fürchtete.[5]

> „Ich habe einen großen Widerwillen dagegen, in irgend eine Polemik gezogen zu werden, ein Widerwille, der mit jedem Jahr vergrößert wird."[6]

Ferner ließen ihm die Pflichten, denen er sich nicht entziehen konnte oder wollte, wie etwa seine Vorlesungen und ab 1818 seine geodätischen Aufgaben, nicht die nötige Muße zu einer Ausarbeitung seiner Ideen in einer solchen vollendeten Form, die den hohen Ansprüchen genügte, welche er an seine Publikationen stellte. Das Dozieren nannte er eine „undankbare Arbeit", mit der er „seine edle Zeit" verliere;[7] „vielfache abziehende Geschäfte"[8] erlaubten ihm nicht, sich seinen „Meditationen"[9] zu widmen; die Triangulation Hannovers glaubte er nicht abweisen zu können, da sie, „obwohl mit tausend Beschwerden verbunden und vielleicht aufreibend auf meine Kräfte wirkend, doch reell nützlich ist."[10]

Sodann verhinderten die langjährigen Leiden seiner zwei-

---

[5] An F. W. Bessel, 27. 1. 1829. Siehe Fußnote 3, S. 490.

[6] An H. C. Schumacher, 4. 10. 1849. Briefwechsel zwischen C. F. Gauß und H. C. Schumacher. Hrsg. v. C. A. F. Peters. Bd. 6. Altona 1865. S. 47.

[7] An W. Olbers, 26. 10. 1802. Wilhelm Olbers. Sein Leben und seine Werke. Hrsg. v. C. Schilling. Bd. 2, Abt. 1. Berlin 1900. S. 105–106.

[8] An W. Olbers, 21. 3. 1816. Ebd. S. 629.

[9] An H. C. Schumacher, 21. 11. 1825. Siehe Fußnote 6, Bd. 2. 1860. S. 37.

[10] An F. W. Bessel, 14. 3. 1824. Siehe Fußnote 3, S. 428–429.

ten Frau WILHELMINE („Minna") (1788–1831) und das Zerwürfnis mit dem ältesten Sohn aus zweiter Ehe EUGEN GAUSS (1811–1896)[11] das Aufkommen jener ausgeglichenen Stimmung, ohne die er einfach nicht in der Lage war, produktiv tätig zu sein. „Ich brauche dazu Heiterkeit des Geistes, und die ist leider nur zu sehr und zu vielfach getrübt," klagte er.[12] Die „Stürme" hätten an seinem „innersten Lebensmark gezehrt"; „Lebensfreudigkeit und Lebensmut" seien von ihm „gewichen", und er wisse nicht, „ob sie je wiederkommen werden. Was mich so schwer drückt, ist das Verhältnis zu dem Taugenichts [EUGEN] in A[merika], der meinen Namen entehrt."[13]

In seiner „physikalischen Periode" (1830–1840) waren es dann anderweitige Interessen, insbesondere die gemeinsam mit WILHELM WEBER (1804–1891) unternommenen ergebnisreichen Versuche und Forschungen, die ihn von der reinen Mathematik abzogen.

Als endlich jene Stürme vorüber waren, der Tod der zweiten Frau und der seiner geliebten Tochter aus erster Ehe MINNA EWALD (1808–1840) verwunden, das Einvernehmen mit EUGEN wiederhergestellt war, der erzwungene Weggang von WEBER, eines der „Göttinger Sieben", die Anteilnahme an der Erforschung des Erdmagnetismus hatte erkalten lassen, da waren es die mit dem Alter nachlassenden Kräfte, die die Ausführung der alten Pläne vereitelten.

Mit dem Fortschreiten der Edition seiner Schriften und

---

[11] Gerardy, Theo: C. F. Gauß und seine Söhne. Mitt. Gauß-Ges. 3 (1966) S. 25–35.

[12] An F. W. Bessel, 28. 2. 1839. Siehe Fußnote 3, S. 524.

[13] An C. L. Gerling, 13. 11. 1831. Briefwechsel zwischen C. F. Gauß und Christian Ludwig Gerling. Hrsg. v. Clemens Schaefer. Berlin 1927. S. 377.

Briefe wuchs wie erwähnt die Verwunderung über die Fülle und Tiefe der Ergebnisse, die GAUSS sein eigen genannt und an denen er die Allgemeinheit aus den genannten Ursachen nicht hatte partizipieren lassen. Der Klärung aber harrte weiter die Frage, ob die zeitlichen Angaben, die GAUSS in seinen Briefen gemacht hatte, auf zuverlässigen Erinnerungen beruhten, bzw. es fehlte für viele undatierte Ausarbeitungen und Notizen die Basis für eine Chronologisierung.

Da fand PAUL STÄCKEL (1862–1919) 1898 im Besitz des GAUSSschen Enkels CARL GAUSS (1849–1927) das mathematische Tagebuch des Großvaters und leitete dadurch eine Wende in der GAUSS-Forschung ein, indem nun auf gesicherter Grundlage die Problematik der Genesis der GAUSSschen Entdeckungen untersucht werden konnte. Jener CARL GAUSS lebte als Rentner in Hameln und verfügte über Teile des GAUSSschen Nachlasses, denen bei der Erbschaftsteilung „privater" Charakter zuerkannt worden war und die deshalb nicht vom Staat erworben worden waren.[14] Es ist anzunehmen, daß JOSEPH GAUSS (1806–1873), der älteste Sohn aus GAUSS' erster Ehe und Vater des CARL GAUSS, bei der Trennung der Papiere persönlichen Inhalts von denen wissenschaftlichen Charakters nicht erkannt hat, wohl auch nicht erkennen konnte, welche hervorragende Bedeutung dem recht unscheinbaren Oktavheftchen von 19 Seiten Umfang für die Erforschung des Werkes seines Vaters zukam. Daß GAUSS ein derartiges „Tagebuch" geführt hat, mag STÄCKEL aus dem Brief von GAUSS an OLBERS vom 24. 1. 1812 ersehen haben, in dem GAUSS von dem Tagebuch als einem „Notizenjour-

[14] Klein, Felix: Vorlesungen über die Entwicklung der Mathematik im 19. Jahrhundert. Teil 1. Berlin 1926. S. 30.

nal" sprach.[15] Sein Spürsinn führte ihn dann zur richtigen Stelle, an der tatsächlich das Heft mit dem unschätzbaren Inhalt lag. Nicht ohne Mühe gelang es, den Besitzer dazu zu bewegen, das Dokument, zunächst leihweise, zur Auswertung zur Verfügung zu stellen.

Felix Klein (1849–1925), dem Stäckel als dem Motor der Herausgabe der Gaussschen Werke in dieser Zeit das Tagebuch überließ, unterrichtete die Öffentlichkeit sogleich von dem sensationellen Fund[16] und ließ dieser ersten Nachricht schon bald einen Abdruck mit Erläuterungen in der Festschrift zur Feier des 150jährigen Bestehens der Göttinger Akademie[17] sowie in den Mathematischen Annalen[18] folgen. Ludwig Schlesinger (1864–1933) nahm sodann 1917 das Tagebuch in die Gausssche Werkausgabe auf, einmal in Form einer faksimilierten Nachbildung,[19] zum zweiten als Abdruck[20] mit einem Kommentar, für den Kleins Erläuterungen benutzt wurden, an dem sich aber außer Schlesinger selbst und Stäckel auch so namhafte Gelehrte wie Paul Bachmann (1837–1920), Martin Brendel (1861–1939), Richard Dedekind (1831–1916), Andreas Galle (1858–1943), Alfred Loewy (1873–1935) beteiligt haben.[21]

Nun lag der interessierten Öffentlichkeit eine Wiederga-

---

[15] Gauß, Carl Friedrich: Werke. Bd. 8. Leipzig 1900. S. 140.

[16] Nachrichten der Königl. Ges. d. Wiss. zu Göttingen. (1899), H. 1, Geschäftl. Mitt.-Math. Annalen. 53 (1899) S. 45–48.

[17] Beiträge zur Gelehrtengeschichte Göttingens. Berlin 1901. S. 1–44.

[18] 57 (1903) S. 1–34.

[19] Siehe Fußnote 15, Bd. 10/1. Leipzig 1917. Nach S. 482.

[20] Ebd. S. 483–572.

[21] Einen späteren wichtigen Beitrag zur Interpretation leistete Gustav Herglotz (1881–1953): Zur letzten Eintragung im Gaußschen Tagebuch. Berichte über die Verhandl. der Sächs. Akad. d. Wiss., math.-phys. Klasse. 73 (1921) S. 271–276.

be des Tagebuchs vor, die einen Einblick in die kreativste Periode dieses Genies gestattete und die zugleich nach dem Stande des damaligen Wissens die Hilfen zum Verständnis des Gaussschen Textes bot; der wissenschaftliche Werdegang des jungen Gauss war für die entscheidenden Jahre 1796–1800 und dann mit Unterbrechungen für seine „astronomische Schaffensperiode“ bis 1814 nachprüfbar geworden.

Mit diesem Tagebuch wurde den verschiedenen Kategorien der Selbstdarstellung – den das häusliche Leben und familiäre Ereignisse festhaltenden Tagebüchern, den die Umwelt im weiteren Sinne und die Zeitereignisse widerspiegelnden Tagebüchern, den Reisetagebüchern, den chronologischen Niederschriften über Gespräche mit bedeutenden Zeitgenossen, den Zeugnissen der Selbstbeobachtung und -erkenntnis, den Diarien mit Betrachtungen und Ideen u. a. – eine weitere Kategorie hinzugefügt, die des Arbeitsjournals in Form eines mathematischen Tagebuchs; es berichtet historisch über die geistigen Fortschritte des Verfassers allein auf seinem Spezialgebiet und reflektiert dabei gelegentlich die Gemütsbewegung des Autors bei ihm wesentlich erscheinenden Erträgen des forschenden Arbeitens.

Welche allgemeineren Schlußfolgerungen läßt nun dies Tagebuch zu?

Zunächst einmal drängt sich der Eindruck auf, daß der junge, kaum zwanzigjährige Gauss, wie dies ganz natürlich ist, noch nicht der gemessen auftretende, stets auf Würde bedachte, seines Wertes voll bewußte Mann war, als der er später seinen Zeitgenossen erschien. Die Freude über geglückte Funde macht sich verschiedentlich Luft; man hört dann den Jüngling förmlich jubeln, wenn er sich am Ziel eines Gedankenganges, einer Beweisführung sieht.

Sodann, auch darauf hat KLEIN schon hingewiesen, zeigt es sich, daß neben tiefgreifenden, ja bahnbrechenden Ergebnissen und Anfängerübungen auch andere, zu seiner Zeit längst bekannte Tatsachen verzeichnet sind. Das ist so zu erklären, daß GAUSS sie unabhängig von seinen Vorgängern gefunden hat und daß sein Urteil noch nicht so ausgewogen war, um das wirklich Bedeutende vom Elementaren zu scheiden. GAUSS war eben noch ein, wenn auch genialer Anfänger und stand am Beginn seiner Laufbahn. Zudem war er auf sich selbst gestellt, da von seinen Lehrern in Göttingen wenig fachliche Förderung zu erhoffen war. Selbständig lernte er und studierte in dieser Zeit grundlegende Arbeiten der mathematischen Klassiker. Auf der Liste der in jener Zeit von ihm aus der Göttinger Universitätsbibliothek entliehenen Bücher[22] stehen Autoren wie LEONHARD EULER (1707–1783), ISAAC NEWTON (1643–1727), JOHANN HEINRICH LAMBERT (1728–1777), EDWARD WARING (1734–1798), JOHN LANDEN (1719–1790), ROGER COTES (1682–1716), ALEXIS CLAUDE CLAIRAUT (1713–1765), JOSEPH-LOUIS LAGRANGE (1736–1813), PIERRE DE FERMAT (1601–1665), finden sich Schriften der Akademien zu Paris, London, Berlin, Petersburg, Turin, Rom. Aber GAUSS hat weder damals noch später die Zeit aufgewendet, um zu prüfen, ob ein von ihm gefundenes Resultat zuvor schon bekannt gewesen ist. Er schuf sich das, was er brauchte, selbst und stellte nicht erst historisch-literarische Nachforschungen an, ob jemand ihm zuvorgekommen sei. Solche Recherchen, bekannte er einmal, seien nicht nach sei-

[22] Dunnington, G. Waldo: Carl Friedrich Gauß. Titan of Science. With additional material by Jeremy Gray and Fritz-Egbert Dohse. Revised edition. Washington, DC: Mathematical Association of America, 2004. S. 398–404.

nem Geschmack, es fehlten ihm dafür Zeit wie Neigung.[23] Zudem hatte sein Gedächtnis „von jeher" die „Schwäche, daß alles Gelesene bald spurlos daraus verschwindet, was im Augenblick des Lesens sich nicht an etwas unmittelbar interessierendes anknüpft."[24] Diese beiden Gründe, die Abneigung gegen das „Nachsuchen"[25] und die erwähnte Besonderheit seines Gedächtnisses, führten nachmals dazu, daß er Zeitgenossen weniger oft zitierte, als sie es erwarteten. Das hat ihm manchen Vorwurf eingetragen. So schrieb etwa CARL GUSTAV JACOB JACOBI (1804–1851) an BESSEL: „Bei GAUSS heißt es nicht: de mortuis nil nisi bene, sondern: de mortuis et de vivis nil."[26](Bei GAUSS heißt es nicht: über Tote nichts außer Gutem, sondern: über Tote und Lebende nichts.)

Eine weitere Eigenart von GAUSS mit allgemeinerem Interesse tritt gleichfalls schon im Tagebuch ans Licht: Wie KLEIN bereits bemerkte, erkannte GAUSS beim Zahlenrechnen Gesetze, die er dann in harter Arbeit bewies. Weniger deutlich wird im Tagebuch der weitere Ablauf des zyklischen Prozesses, nämlich die Anwendung der in der rechnerischen Praxis induktiv erfaßten und dann bewiesenen Gesetze auf das Zahlenrechnen, das dann erneut

---

[23] An H. C. Schumacher, 6. 7. 1840. Siehe Fußnote 6, Bd. 3. 1861. S. 388.

[24] An H. C. Schumacher, 12. 2. 1841. Siehe Fußnote 6, Bd. 4. 1862. S. 9.

[25] An H. C. Schumacher, 13. 1. 1839. Siehe Fußnote 6, Bd. 3. 1861. S. 229.

[26] Am 3. 4. 1835. Biermann, Kurt-R.: Aus der Vorgeschichte der Aufforderung Alexander von Humboldts von 1836 an den Präsidenten der Royal Society zur Errichtung geomagnetischer Stationen (Dokumente zu den Beziehungen zwischen A. v. Humboldt und C. F. Gauß). Wiss. Zs. Humboldt-Univ., math.-nat. R. 12 (1963) S. 209–224; insbes. S. 222.

auf höherer Stufe zur Erkenntnis umfassenderer Resultate führte usw.

Es ist nicht Zielsetzung dieser Einführung, den Inhalt des Tagebuchs zu referieren. Der verhältnismäßig geringe Umfang, die Übersetzung und die Erläuterungen gestatten, sich rasch einen Überblick zu verschaffen. Hier sei nun vielmehr an einem Beispiel dargestellt, wie das Tagebuch die Angaben von GAUSS bestätigt und die Wahrheit seiner brieflichen Aussagen beweist.

Nach der Methode der kleinsten Quadrate war bekanntlich der Nachweis der Konstruierbarkeit des regelmäßigen Siebzehnecks mit Zirkel und Lineal (und die Erarbeitung der Grundsätze für die Kreisteilung sowie damit die Ermittlung aller mit Zirkel und Lineal konstruierbaren regelmäßigen Vielecke)[27] die erste selbständige, mathematische Entdeckung des jungen GAUSS, eine Entdeckung, die ihn sogleich unter die bedeutendsten Mathematiker seiner Zeit einreihte. Brieflich äußerte sich GAUSS gegenüber seinem früheren Schüler CHRISTIAN LUDWIG GERLING (1789–1864) am 6. 1. 1819 über die näheren Umstände des Fundes so:

> „Das Geschichtliche jener Entdeckung ist bisher nirgends von mir öffentlich erwähnt, ich kann es aber sehr genau angeben. Der Tag war der 29. März 1796, und der Zufall hatte gar keinen Anteil daran. Schon früher war alles, was auf die Zerteilung der Wurzeln der Gleichung $x^p-1/x-1 = 0$ in *zwei* Gruppen sich bezieht, von mir gefunden, wovon der schöne Lehrsatz D[isquisitiones] A[rithmeticae, Leipzig 1801], p. 637 unten, abhängt, und zwar im Winter 1796 (meinem ersten Semester in Göttingen), ohne daß ich den Tag

[27] Wußing, Hans: Carl Friedrich Gauß. Leipzig 1974. S. 18–21

> aufgezeichnet hätte. Durch angestrengtes Nachdenken über den Zusammenhang aller Wurzeln untereinander nach arithmetischen Gründen glückte es mir, bei einem Ferienaufenthalt in Braunschweig am Morgen des gedachten Tages (ehe ich aus dem Bette aufgestanden war) diesen Zusammenhang auf das klarste anzuschauen, so daß ich die spezielle Anwendung auf das 17-Eck und die numerische Bestätigung auf der Stelle machen konnte. Freilich sind später viele andere Untersuchungen des 7. Abschn[ittes] der D[isquisitiones] A[rithmeticae] hinzugekommen.“[28]

Im Einklang hiermit verzeichnet das Tagebuch unter dem 30. 3. 1796 als erste Eintragung die Entdeckung des Vortages.

Hatte GAUSS bis dahin noch geschwankt, ob er sich der klassischen Philologie oder der Mathematik widmen sollte, so wurde dies Erfolgserlebnis für ihn entscheidend: jetzt stand für ihn fest, daß er Mathematiker werden wollte.[29] Sein vormaliger Lehrer am Collegium Carolinum in Braunschweig, einer Vorläuferanstalt der späteren dortigen Technischen Hochschule, EBERHARD AUGUST WILHELM ZIMMERMANN (1743–1815), erkannte die Bedeutung der GAUSSschen Entdeckung und ermöglichte ihre von ihm mit einem Nachwort vom 18. April versehene Publikation im „Intelligenzblatt der allgemeinen Literaturzeitung“ in Jena (1796, Nr. 66, S. 554). GAUSS’ Mathematikprofessor in Göttingen, ABRAHAM GOTTHELF KÄSTNER (1719–1800), hingegen bewies geringere Urteilsfähigkeit und nahm den Fund recht kühl auf. Der Entdecker selbst aber kannte genau die Bedeutung seines

[28] Siehe Fußnote 13, S. 187–188.

[29] Sartorius von Waltershausen, W[olfgang]: Gauß zum Gedächtnis. Leipzig 1856. Reprint Wiesbaden 1965. S. 16.

Vorstoßes in Neuland; in seinen genannten Disquisitiones Arithmeticae (Untersuchungen über höhere Arithmetik) äußerte er sich so über die Nebenfrucht seiner umfassenderen Theorie:

> „Es ist sicherlich sehr merkwürdig, daß, während schon zu EUKLIDS Zeiten die geometrische Teilbarkeit des Kreises in drei und fünf Teile bekannt war, diesen Entdeckungen im Verlauf von 2000 Jahren nichts hinzugefügt worden ist und daß es sämtliche Geometer für sicher erklärten, daß sich außer jenen Teilungen und denen, die ohne weiteres daraus sich ergeben, nämlich den Teilungen in 15, $3 \cdot 2^\mu, 5 \cdot 2^\mu, 15 \cdot 2^\mu$ sowie in 2^μ Teile, keine anderen weiter durch geometrische Konstruktionen ausführen lassen.“ (Zitiert nach der deutschen Übersetzung von H. Maser, Berlin 1889, Art. 365.)

Mit dieser Entdeckung eröffnete GAUSS sein Notizenjournal, in das er von nun an die Gegenstände seiner Untersuchungen und Arbeiten sowie die erzielten Einsichten eintrug.

Es ließen sich weitere Beispiele, wie aus dem Kapitel der Erforschung der transzendenten Funktionen, dafür beibringen, daß GAUSS' spätere briefliche Bemerkungen, etwa über die Übereinstimmung der Ergebnisse von NIELS HENRIK ABEL (1802–1829) mit seinen 30 Jahre zuvor angestellten Überlegungen, in vollem Umfange durch das Tagebuch bestätigt werden.

Ein Charakteristikum der Veröffentlichungen von GAUSS besteht darin, daß man nicht erkennt, wie sie entstanden sind. Sein erklärtes Ziel war es, nicht Bausteine, sondern fertige Gebäude zu liefern, an denen nichts fehlte.[30] „Et-

[30] An H. C. Schumacher, 12. 2. 1826. Siehe Fußnote 6, Bd. 2. 1860. S. 45–46.

was im Wesen vollendetes oder gar nichts“ war seine Devise.[31] LEOPOLD KRONECKER (1823–1891) sagte geradezu, GAUSS habe „mit Fleiß jede Spur der Gedankengänge verwischt, die ihn zu seinen Resultaten geführt haben“.[32] Hier bot nun das Tagebuch die Möglichkeit, die Wege näher kennenzulernen, auf denen GAUSS zum Ziel gekommen war, indem undatierte Ausarbeitungen und Notizen aus seiner Feder in Heften, auf Durchschußblättern in Büchern, auf unbedruckten Buchseiten und auf Zetteln mit Hilfe der Tagebucheintragungen in chronologischen und systematischen Zusammenhang gebracht werden konnten, wodurch tieferes Eindringen in die Arbeitsweise und den Prozeß der Erkenntnisfindung bei GAUSS gelang. Dabei hat vor allem SCHLESINGER Beispielhaftes geleistet,[33] aber auch andere schon genannte Kommentatoren und Mitarbeiter an der Werkausgabe von GAUSS und weitere GAUSS-Forscher wie PHILIPP MAENNCHEN (1869–1945) und HARALD GEPPERT (1902–1945) waren in dieser Hinsicht erfolgreich. Aber noch immer bleiben Fragen offen, und einige Notizen im Tagebuch harren der Deutung. Es liegt im Bereich der Möglichkeit, daß interessierte Leser veranlaßt werden, sich mit diesen ungeklärten Passagen zu befassen, und daß es dabei gelingt, bisher

[31] An H. C. Schumacher, 15. 1. 1827. Siehe Fußnote 6, Bd. 2. 1860. S. 93–94.

[32] Kronecker, Leopold: Vorlesungen über Mathematik. Teil 2/1. Vorlesungen über Zahlentheorie. Hrsg. v. Kurt Hensel. Leipzig 1901. S. 42.

[33] Schlesinger, L[udwig]: C. F. Gauß. Fragmente zur Theorie des arithmetisch-geometrischen Mittels aus den Jahren 1797 bis 1799. – Ders.: Über Gauß' Arbeiten zur Funktionentheorie. Leipzig 1912. (Materialien für eine wissenschaftliche Biographie von Gauß. Heft 2 und 3.) – Ders.: Gauß' Arbeiten zur Funktionentheorie. Berlin 1933 (Gauß: Werke, Bd. 10/2, Abh. 2.).

Verborgenes zu enthüllen und nicht nur historisch, sondern auch aktuell Bedeutungsvolles zu entdecken, denn „es ist durchaus möglich, daß wichtige Ideen in ihrer vollen Tragweite noch nicht erkannt sind und erst in Zukunft fruchtbar werden."[34]

Zu den noch nicht restlos aufgeklärten[35] Eintragungen im Tagebuch gehören auch die Schlüsselwörter GEGAN (Tagebuchnotiz Nr. 43 vom 21. 10. 1796 sowie auf der Innenseite des vorderen Einbanddeckels) und WAEGEGAN (ebenfalls auf der Innenseite des vorderen Einbanddeckels). Wir haben in der Bildung solcher Chiffren wohl eine Äußerung jugendlicher Mentalität zu sehen, die GAUSS dazu brachte, einen Kode für ihm besonders wertvoll Erscheinendes zu verwenden.[36] Junge Menschen neigen ja nicht selten dazu, selbst erfundene Chiffrierungsmethoden zu benutzen, um ihre Aufzeichnungen dem Verständnis Unbefugter zu entziehen. Außerdem sollte erwähnt werden, daß GAUSS nicht der einzige Mathematiker ist, der sich mit Chiffren befaßt hat, wenn auch von ihm nicht überliefert ist, daß er sich wie EULER oder CHARLES BABBAGE (1792–1871) mit der Theorie und Praxis des Dechiffrierens auseinandersetzte. GAUSS hat

[34] Rieger, Johann Georg: Die Zahlentheorie bei C. F. Gauß. In: C. F. Gauß. Gedenkband. Hrsg. v. Hans Reichardt. Leipzig 1957. S. 37–77; insbes. S. 73.

[35] Die Eintragung auf der Innenseite des vorderen Einbanddeckels ist nur in der in Fußnote 17 und 18 genannten ersten Edition des Tagebuchs erwähnt worden, seltsamerweise aber in der bisher allgemein benutzten zweiten Ausgabe (siehe Fußnote 19 und 20) weggelassen worden, und zwar sowohl im Faksimile als in der Transkription. In der vorliegenden Ausgabe wird wieder eine Reproduktion geboten, siehe S. 65.

[36] Biermann, Kurt-R.: Zwei ungeklärte Schlüsselworte von C. F. Gauß (Versuch und Anregung einer Deutung). Monatsberichte der Dt. Akad. d. Wiss. 5 (1963) S. 241–244.

sowohl 1799 als auch 1816 in einem Heft bzw. auf einem Zettel ein Schlüsselwort bzw. eine als Chiffre zu deutende Buchstabengruppe niedergeschrieben[37] und sich 1812 in einem veröffentlichten Anagramm den Prioritätsanspruch auf die Erkenntnis gesichert, daß „die mittleren Bewegungen von Jupiter und Pallas in dem rationalen Verhältnis 7 : 18 stehen".[38] Er hat sich also die Neigung zur Verschlüsselung auch noch als Mann bewahrt.

Es ist anzunehmen, daß GEGAN und WAEGEGAN wissenschaftliche Sachverhalte betreffen, eine Vermutung, die durch den Charakter der Tagebucheintragungen gestützt wird. Es besteht ferner die Möglichkeit, daß die beiden Schlüsselwörter aus Anfangsbuchstaben von Worten gebildet worden sind, die wie der Kontext der lateinischen Sprache entnommen sind. Akzeptiert man diese Deutung, dann liegt die weitere Annahme nahe, daß beide Wörter mit dem zentralen Thema, das den jungen GAUSS damals beherrschte, nämlich dem arithmetisch-geometrischen Mittel in Verbindung stehen[39]. Da die entscheidenden beiden Buchstaben A und G in rückläufiger Folge auftreten, müßten die Schlüsselwörter rückwärts gelesen werden. Diese Annahme zusätzlicher Erschwerung für die Entzifferung findet in den Erfahrungen MAENNCHENS ihre Stütze:

> „Meine Studien im Nachlaß des genialen Zahlenrechners haben mir die Überzeugung beigebracht, daß

---

[37] Ebd. und Biermann, Kurt-R.: Versuch der Deutung einer Gaußschen Chiffre. Monatsberichte der Dt. Akad. d. Wiss. 11 (1969) S. 526–530.

[38] Biermann, Kurt-R.: Zum Gaußschen Kryptogramm von 1812. Monatsberichte der Dt. Akad. d. Wiss. 13 (1971) S. 152–157.

[39] Das hat auch Ludwig Schlesinger für GEGAN vermutet; siehe die in Fußnote 33 genannte Arbeit „Fragmente ...", S. 29.

Gauss sich nirgends mit Kleinigkeiten abgab, sondern daß er selbst in Spielereien noch Komplikationen hineinlegte.“[40]

Die von mir vorgeschlagene Deutung[41] besteht daher darin, daß in den Schlüsselwörtern die Entdeckung des Zusammenhangs zwischen dem arithmetisch-geometrischen Mittel und den lemniskatischen Funktionen sowie den Potenzreihen und schließlich der Theorie der elliptischen Funktionen niedergelegt worden ist. Aber, wie gesagt, es sind dies Hypothesen, und es wäre sehr zu begrüßen, wenn Leser, oder besser gesagt Benutzer, der vorliegenden Edition zu eigenen tragfähigen Interpretationen angeregt werden würden.

Eben darin aber scheint mir die Rechtfertigung der vorliegenden neuen Ausgabe des mathematischen Tagebuchs von Gauss zu liegen: Hier geht es in erster Linie nicht um ein literarisches Denkmal für einen der größten Mathematiker der Vergangenheit anläßlich seines 200. Geburtstages, sondern um ein Mittel zur kritischen Aneignung eines von ihm hinterlassenen Dokuments durch breitere Kreise mathematisch Tätiger und Interessierter, denen es zugänglich gemacht wird, einer Aneignung, die die Pflege des Gaussschen Vermächtnisses im aktiven, tieferen Ein-

---

[40] Maennchen, Philipp: Zur Lösung eines rätselhaften Gaußschen Anagramms. Unterrichtsblätter für Math. u. Naturwiss. 40 (1934) S. 104–106, insbes. S. 105

[41] Für GEGAN in der in Fußnote 36 genannten Abhandlung; für WAEGEGAN s. Biermann, Kurt-R.: Schlüsselworte bei C. F. Gauß. Arch. Internat. d'Histoire des Sci. 26 (1976), No. 99, S. 264–267. Für eine andere Deutung vgl. Schumann, Elisabeth: Vicimus GEGAN. Interpretationsvarianten zu einer Tagebuchnotiz von C. F. Gauß. NTM 13 (1976) H. 2, S. 17–20. Hierzu vgl. jedoch Kurt-R. Biermann: Vicimus NAGEG. Bestätigung einer Hypothese. Mitt. Gauß-Ges. Göttingen 34 (1997), 31–34.

dringen in die „geistige Werkstatt“ von GAUSS sieht, um das Vergangene besser zu begreifen und es darüber hinaus zur Bewältigung der Aufgaben von heute und morgen fruchtbar zu machen.

Reproduktion des Tagebuchs

Ergänzungen zum Gaußschen Text sind in eckige Klammern gesetzt. Ort und Datum der Notizen werden – nur in diesem Kapitel – aus Platzgründen weggelassen.

1796.

* Principia quibus innititur sectio circuli, ac divisibilitas eiusdem geometrica in septemdecim partes &c. Mart. 30. Brunsv.

* Numerorum primorum non omnes numeros infra ipsos residua quadratica esse posse demonstratione munitum.

Apr. 8. Ibid.

Formula pro cosinibus angulorum peripheriae submultiplorum expressionem generaliorem non admittent nisi in duab. periodos

Apr. 12. Ibid.

* Amplificatio normae residuorum ad residua et mensuras non indivisibiles.

Apr. 29 Gotting.

Numeri cuiusvis divisibilitas varia in binos primos

Mai. 14 Gott

* Coefficientes aequationum per radicum potestatis summas facile dantur. Mai. 23 Gott.

Transformatio seriei $1-2+8-64\ldots$ in fractionem continuam

$$\cfrac{1}{1+\cfrac{2}{1+\cfrac{2}{1+\cfrac{8}{1+\cfrac{12}{1+\cfrac{32}{1+\cfrac{56}{1+128}}}}}}}$$

Mai. 24 G.

$$1-1+1.3-1.3.7+1.3.7.15 = \cfrac{1}{1+\cfrac{1}{1+\cfrac{2}{1+\cfrac{6}{1+\cfrac{12}{1+28}}}}}$$

et aliae

[1] Principia quibus innititur sectio circuli, ac divisibilitas eiusdem geometrica in septemdecim partes etc.

[2] Numerorum primorum non omnes numeros infra ipsos residua quadratica esse posse demonstratione munitum.

[3] Formulae pro cosinibus angulorum peripheriae submultiplorum expressionem generaliorem non admittent nisi in duab[us] periodis.

[4] Amplificatio normae residuorum ad residua et mensuras non indivisibiles.

[5] Numeri cuiusvis divisibilitas varia in binos primos.

[6] Coefficientes aequationum per radicum potestates additas facile dantur.

[7] Transformatio seriei

$$1 - 2 + 8 - 64 \cdots$$

in fractionem continuam:

$$\cfrac{1}{1 + \cfrac{2}{1 + \cfrac{2}{1 + \cfrac{8}{1 + \cfrac{12}{1 + \cfrac{32}{1 + \cfrac{56}{1 + 128 \cdots}}}}}}}$$

$$1 - 1 + 1 \cdot 3 - 1 \cdot 3 \cdot 7 + 1 \cdot 3 \cdot 7 \cdot 15 + \cdots$$

$$= \cfrac{1}{1 + \cfrac{1}{1 + \cfrac{2}{1 + \cfrac{6}{1 + \cfrac{12}{1 + 28 \cdots}}}}}$$

et aliae.

Scalam simplicem in ~~fractionibus~~ seriebus variatim recurrentibus esse functionem similem secundi ordinis scalarum componentium 26 Mai.

Comparationes infinitorum in numeris primis & factoribus. ~~[illegible]~~ cont. 31 M. G.

Scala ubi seriei termini sunt producta vel adeo functiones quaecunque terminorum quotcunque seriecum 3 Jun. G.

Formula pro summa factorum numeri cuiusvis compositi f. gener. $\frac{a^{n+1}-1}{a-1}$ 5 Jun G.

Periodorum summa omnibus ~~infra~~ modulum numeris pro elementis sumtis fact. gen. $((n+1)a - na)a^{n-1}$. 5 Jun. G.

Leges distributionis — 19 Jun G.

Factorum summae in infinito $= \frac{\pi\pi}{6}$ sum. Num. 20 Jun. G.

Coepi de multiplicatoribus (in formis divisorum formarum qu.) connexis cogitare 22 Jun G.

* Nova theorematis aurei demonstratio a priori toto coelo diversa eaque haud parum elegans 27 Jun.

Quaeque partitio numeri a in bina quadrata dat formam in bina quadrata separabilem. 3 Jul.

~~Summa trium quadratorum continue proportionalium numquam primus esse potest conspicitur exemplum [illegible] et generaliter [illegible]~~ 9 Jul.

** ΕΥΡΗΚΑ num. $= \Delta + \Delta + \Delta$ 10 Jul. Gött.

Determinatio Euleriana formarum in quibus numeri compositi plus una vice continentur

Principia componendi scalas serierum variatim recurrentium 16 Jul. Gött.

Methodus Euleriana pro demonstranda relatione inter ~~producta~~ rectangula sub segmentis rectarum sese secantium in sectionibus conicis ad omnes curvas applicata 31 Jul.

[8] Scalam simplicem in seriebus variatim recurrentibus esse functionem similem secundi ordinis scalarum componentium.

[9] Comparationes infinitorum in numeris primis et factoribus cont[entorum].

[10] Scala ubi seriei termini sunt producta vel adeo functiones quaecunque terminorum quotcunque serierum.

[11] Formula pro summa factorum numeri cuiusvis compositi:

$$\text{f[actum] gener[ale]}\ \frac{a^{n+1}-1}{a-1}$$

[12] Periodorum summa omnibus infra modulum numeris pro elementis sumtis:

$$\text{fact[um] gen[erale]}\ [(n+1)a-na]a^{n-1}$$

[13] Leges distributionis.

[14] Factorum Summae in Infinito $= \pi\pi/6$ Sum[ma] Num[erorum].

[15] Coepi de multiplicatoribus (in formis divisorum form[aru]m qu[adraticarum]) connexis cogitare.

[16] Nova theorematis aurei demonstratio a priori toto coelo diversa eaque haud parum elegans.

[17] Quaeque partitio numeri a in tria $\square$ dat formam in tria $\square$ separabilem.

[17a] Summa trium quadratorum continue proportionalium numquam primus esse potest: conspicuum exemplum novimus et quod congruum videtur. Confidamus.

[18] *ΕΥΡΗΚΑ!* num[erus] $= \triangle + \triangle + \triangle$.

[19] Determinatio Euleriana formarum in quibus numeri compositi plus una vice continentur.

[20] Principia componendi scalas serierum variatim recurrentium.

[21] Methodus Euleriana pro demonstranda relatione inter rectangula sub segmentis rectarum sese secantium in sectionibus conicis ad omnes curvas applicata.

* $a^{2^{n-}+1\,(p)} \equiv 1$ semper solvere in potestate Aug. 3 Gött.

Rationem theorematis aurei quomodo ~~[illegible]~~ profundius perscrutari oporteat perspexi et ad hoc accingor supra ~~primum~~ quadraticas aequationes egredi conatus. Inventio formularum quae semper per primos: $\sqrt[n]{1}$ (numerice) dividi possunt Aug. 13 Ibid.

Obiter $(a+b\sqrt{-1})^{m+n\sqrt{-1}}$ evolutum — 14

Rei summa iamiam intellecta. Restat ut singula muniantur — 16. G.

$(a^p) \equiv (a)$ mod. p., a radix aequationis cuiuscunque quomodocunque irrationalis. 18

Si P, Q functiones alg. quantitatis indeterminatae fuerint inc. 2

Datur $tP+uQ=1$ ~~tum~~ in algebra tum speciata tum numerica. 19 G.

Exprimuntur potestates radicum aequationis propositae aggregatae per coefficientes aequationis lege perquam simplici. (cum aliis quibusdam geometr. in Exercit.) 21. G.

Summatio seriei infinitae $1+\frac{x^n}{1\ldots n}+\frac{x^{2n}}{1\ldots 2n}$ &c eod.

* Minutiis quibusdam exceptis feliciter scopum attigi scil. si $p^n \equiv 1 \pmod{\pi}$ fore $x^\pi - 1$ compositum e factoribus gradum n non excedentibus ~~[illegible]~~ & proin aequationem conditionalem fore solubilem. Sept. 2 G.

unde duas theor: aurei demonstr. deduxi.

Numerus fractionum inaequalium quarum denominatores certum limitem non superat ad numerum fractionum omnium quarum num. aut denom. sint diversi infra eundem limitem in infinito ut $6:\pi\pi$ Sept. 6.

[22] $a^{2^n \mp 1(p)} \equiv 1$ semper solvere in potestate.

[23] Rationem theorematis aurei quomodo profundius perscrutari oporteat perspexi et ad hoc accingor supra quadraticas aequationes egredi conatus. Inventio formularum, quae semper per primos: $\sqrt[n]{1}$ (numerice) dividi possunt.

[24] Obiter $(a + b\sqrt{-1})^{m+n\sqrt{-1}}$ evolutum.

[25] Rei summa iamiam intellecta. Restat ut singula muniantur.

[26] $(a^p) \equiv (a)$ mod. p, a radix aequationis cuiusvis quomodocunque irrationalis.

[27] Si P, Q functiones alg[ebraicae] quantitatis indeterminatae fuerint inc[ommensurabiles]. Datur:

$$tP + uQ = 1$$

in algebra tum speciata tum numerica.

[28] Exprimuntur potestates radicum aequationis propositae aggregatae per coefficientes aequationis lege perquam simplici (cum aliis quibusdam geometr[icis] in Exerci[tationibus]).

[29] Summatio Seriei infinitae

$$1 + \frac{x^n}{1 \cdots n} + \frac{x^{2n}}{1 \cdots 2n} \text{ etc.}$$

[30] Minutiis quibusdam exceptis feliciter scopum attigi scil[icet] si

$$p^n \equiv 1 \pmod{\pi},$$

fore $x^\pi - 1$ compositum e factoribus gradum n non excedentibus et proin aequationem conditionalem fore solubilem; unde duas theor[ematis] aurei demonstr[ationes] deduxi.

[31] Numerus fractionum inaequalium quarum denominatores certum limitem non superat ad numerum fractionum omnium quarum num[eratores] aut denom[inatores] sint diversi infra eundem limitem in infinito ut $6 : \pi\pi$.

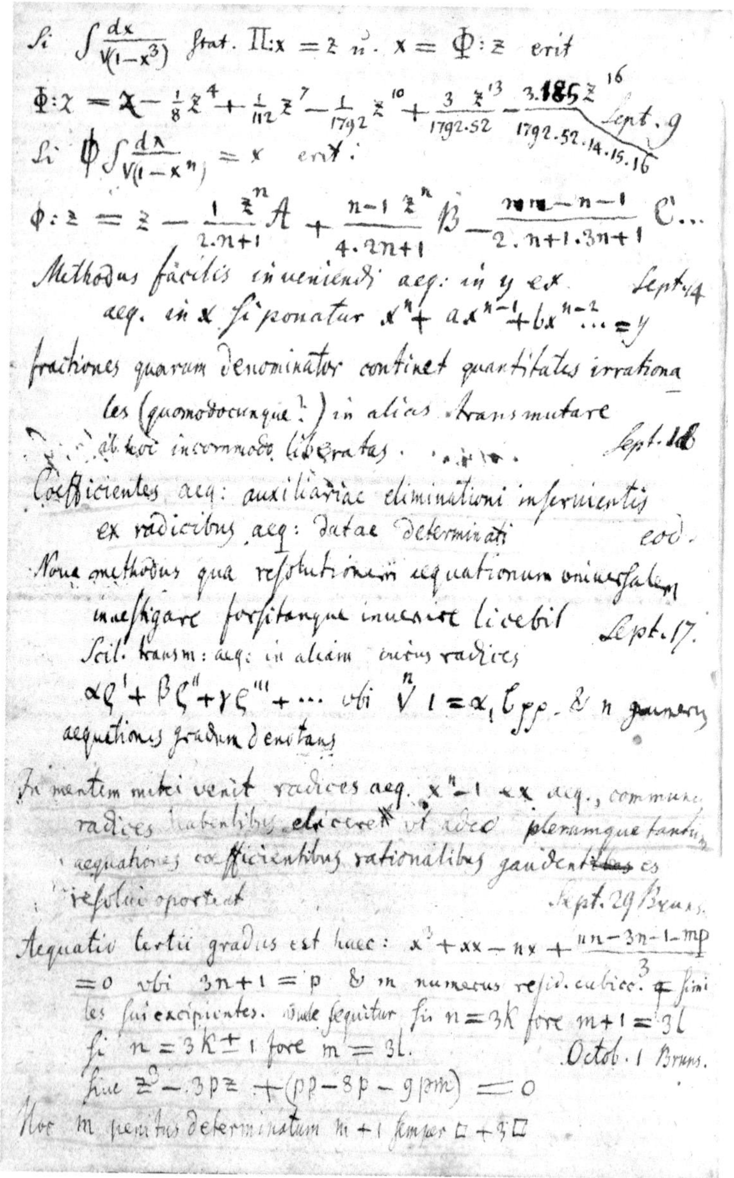

Si $\int \frac{dx}{\sqrt{(1-x^3)}}$ stat. $\Pi : x = z$ n. $x = \Phi : z$ erit

$\Phi : z = z - \frac{1}{8}z^4 + \frac{1}{112}z^7 - \frac{1}{1792}z^{10} + \frac{3}{1792\cdot 52}z^{13} - \frac{3\cdot 185}{1792\cdot 52\cdot 14\cdot 15\cdot 16}z^{16}$ Sept. 9

Si $\Phi \int \frac{dx}{\sqrt{(1-x^n)}} = x$ erit:

$\Phi : z = z - \frac{1}{2\cdot n+1} z^{n} A + \frac{n-1}{4\cdot 2n+1} z^n B - \frac{nn-n-1}{2\cdot n+1\cdot 3n+1} C \ldots$

Methodus facilis inveniendi aeq. in y ex aeq. in x si ponatur $x^n + ax^{n-1} + bx^{n-2} \ldots = y$ Sept. 14

Fractiones quarum denominator continet quantitates irrationales (quomodocunque?) in alias transmutare ab hoc incommodo liberatas. Sept. 16

Coefficientes aeq: auxiliariae eliminationi inservientis ex radicibus aeq: datae determinati eod.

Nova methodus qua resolutionem aequationum universalem investigare forsitanque invenire licebit Sept. 17.

Scil. transm: aeq: in aliam cuius radices $\alpha\varrho' + \beta\varrho'' + \gamma\varrho''' + \ldots$ ubi $\sqrt[n]{1} = \alpha, \beta$ etc. & n gradum aequationis denotans

In mentem mihi venit radices aeq. $x^n - 1$ ex aeq., communes radices habentibus elicere et adeo plerumque tantum aequationes coefficientibus rationalibus gaudentes resolvi oporteat Sept. 29 Bruns.

Aequatio tertii gradus est haec: $x^3 + xx - nx + \frac{nn-3n-1-mp}{3} = 0$ ubi $3n+1 = p$ & m numerus resid. cubicor. similes sui excipientes. Unde sequitur si $n = 3k$ fore $m+1 = 3l$ si $n = 3k \pm 1$ fore $m = 3l$. Octob. 1 Bruns.

Sive $z^3 - 3pz + (pp - 8p - 9pm) = 0$

Hoc m penitus determinatum $m+1$ semper $\square + 3\square$

[32] Si $\int \mathrm{d}x/\sqrt{(1-x^3)}$ stat[uatur] $\Pi : x = z$ et $x = \Phi : z$, erit

$$\Phi : z = z - \frac{1}{8}z^4 + \frac{1}{112}z^7 - \frac{1}{1792}z^{10} + \frac{3}{1792 \cdot 52}z^{13} - \frac{3 \cdot 185}{1792 \cdot 52 \cdot 14 \cdot 15 \cdot 16}z^{16} \ldots$$

[33] Si $\Phi[:] \int \frac{\mathrm{d}x}{\sqrt{(1-x^n)}} = x$ erit:

$$\Phi : z = z - \frac{1 \cdot z^n}{2 \cdot n+1}A + \frac{n-1 \cdot z^n}{4 \cdot 2n+1}B - \frac{nn-n-1 \cdot [z^n]}{2 \cdot n+1 \cdot 3n+1}C \cdots$$

[34] Methodus facilis inveniendi aeq[uationem] in y ex aeq[uatione] in x si ponatur:

$$x^n + ax^{n-1} + bx^{n-2} \cdots = y.$$

[35] Fractiones quarum denominator continet quantitates irrationales (quomodocunque?) in alias transmutare ab hoc incommodo liberatas.

[36] Coefficientes aeq[uationis] auxiliariae eliminationi inservientis ex radicibus aeq[uationis] datae determinati.

[37] Nova methodus qua resolutionem aequationum universalem investigare forsitanque invenire licebit.
Scil[icet] transm[utetur] aeq[uatio] in aliam cuius radices

$$\alpha\varrho' + \beta\varrho'' + \gamma\varrho''' + \cdots$$

ubi

$$\sqrt[n]{1} = \alpha, \beta, \gamma \text{ etc.}$$

et n numerus aequationis gradum denotans.

[38] In mentem mihi venit radices aeq[uationis] $x^n - 1[= 0]$ ex aeq[uationibus], communes radices habentibus, elicere ut adeo plerumque tantum aequationes coefficientibus rationalibus gaudentes resolvi oporteat.

[39] Aequatio tertii gradus est haec:

$$x^3 + xx - nx + \frac{nn - 3n - 1 - mp}{3} = 0\,,$$

ubi $3n + 1 = p$ et m numerus resid[uorum] cubic[orum] similes sui excipientes. Unde sequitur si $n = 3k$, fore $m + 1 = 3l$; si $n = 3k \pm 1$, fore $m = 3l$.
Sive

$$z^3 - 3pz + pp - 8p - 9pm = 0\,.$$

Hoc [modo] m penitus determinatum, $m + 1$ semper $\square + 3\square$.

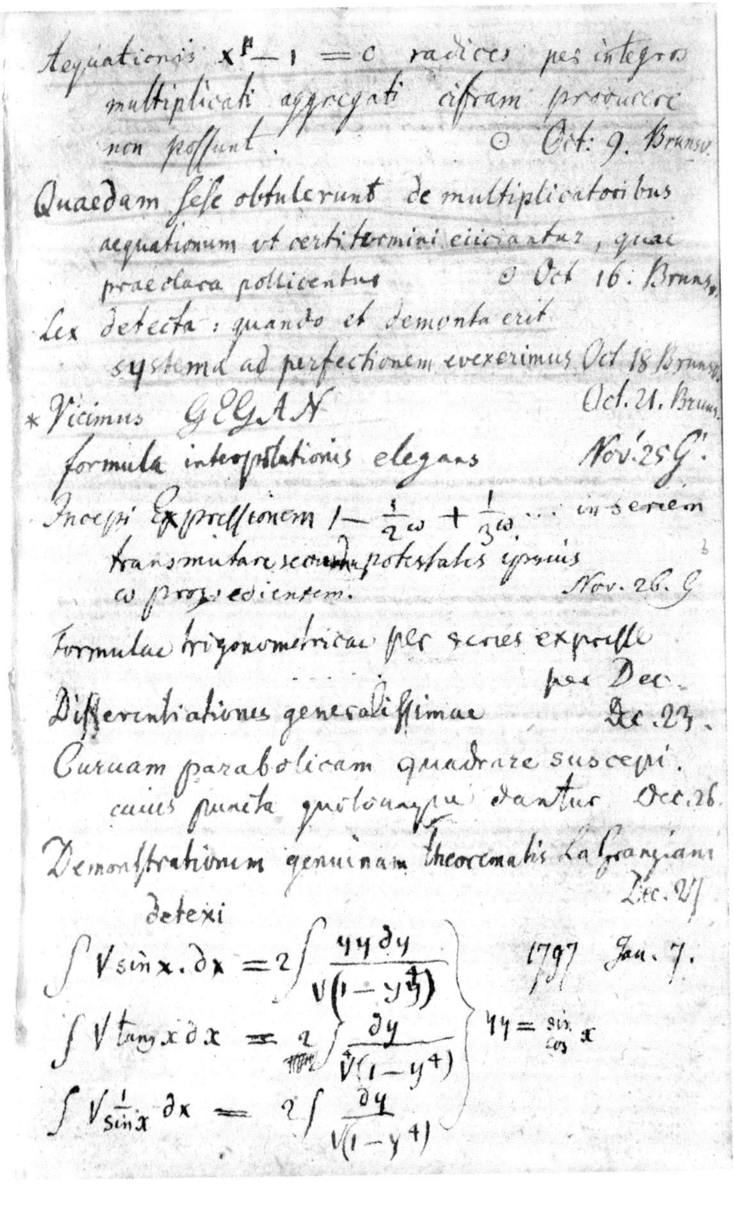

Aequationis $x^p - 1 = 0$ radices per integros multiplicati aggregati cifram producere non possunt. ⊙ Oct: 9. Brunsv.

Quaedam sese obtulerunt de multiplicatoribus aequationum ut certi termini eiiciantur, quae praeclara pollicentur ⊙ Oct 16. Bruns.

Lex detecta: quando et demonstrata erit systema ad perfectionem evexerimus Oct 18 Bruns.

* Vicimus GEGAN Oct. 21. Bruns.

formula interpolationis elegans Nov. 25 G.

Incepi Expressionem $1 - \frac{1}{2\omega} + \frac{1}{3\omega} \ldots$ in seriem transmutare secundum potestates ipsius ω progredientem. Nov. 26. G

Formulae trigonometricae per series expressae per Dec.

Differentiationes generalissimae Dec. 23.

Curvam parabolicam quadrare suscepi. cuius puncta quotcunque dantur Dec. 26.

Demonstrationem genuinam theorematis Lagrangiani detexi Dec. 27

$$\int \sqrt{\sin x}\,.dx = 2\int \frac{yy\,dy}{\sqrt{(1-y^4)}}$$
$$\int \sqrt{\tan x}\,dx = 2\int \frac{dy}{\sqrt[4]{(1-y^4)}}$$
$$\int \sqrt{\frac{1}{\sin x}}\,dx = 2\int \frac{dy}{\sqrt{(1-y^4)}}$$
$yy = \frac{\sin}{\cos} x$ 1797 Jan. 7.

[40] Aequationis

$$x^p - 1 = 0$$

radices per integros multiplicatae aggregatae cifram producere non possunt.

[41] Quaedam sese obtulerunt de multiplicatoribus aequationum, ut certi termini eiiciantur, quae praeclara pollicentur.

[42] Lex detecta: quando et demon[stra]ta erit systema ad perfectionem evexerimus.

[43] Vicimus GEGAN.

[44] Formula interpolationis elegans.

[45] Incepi Expressionem

$$1 - \frac{1}{2^\omega} + \frac{1}{3^\omega} \cdots$$

in seriem transmutare secundum potestates ipsius ω progredientem.

[46] Formulae trigonometricae per series expressae.

[47] Differentiationes generalissimae.

[48] Curvam parabolicam quadrare suscepi, cuius puncta quotcunque dantur.

[49] Demonstrationem genuinam theorematis La Grangiani detexi.

[50]

$$\left.\begin{aligned} \int \sqrt{\sin x} \cdot \mathrm{d}x &= 2\int \frac{yy\mathrm{d}y}{\sqrt{(1-y^4)}} \\ \int \sqrt{\operatorname{tang} x} \cdot \mathrm{d}x &= 2\int \frac{\mathrm{d}y}{\sqrt[4]{(1-y^4)}} \\ \int \sqrt{\frac{1}{\sin x}} \cdot \mathrm{d}x &= 2\int \frac{\mathrm{d}y}{\sqrt{(1-y^4)}} \end{aligned}\right\} yy = \begin{matrix}\sin\\ \cos\end{matrix}\ x.$$

Curvam ~~elasticam~~ lemniscatam a $\int \frac{dx}{\sqrt{(1-x^4)}}$ pendentem perscrutari cœpi Jan. 8

Criterii Euleriani rationem sponte detexi Jan. 10.

Integrale complet. $\int \frac{dx}{\sqrt[n]{(1-x^n)}}$ ad circ. quadr. reducere commentus sum. Jan. 12.

Methodus facilis $\int \frac{x^{n-1}dx}{1+x^m}$ determinandi

Supplementum eximium ad polygonorum descriptionem inveni. Sc. si a, b, c, d sint factores primi numeri primi p unitate truncati tunc ad polygoni p laterum nihil aliud requiri quam ut 1° arcus indefinitus in a, b, c, d.. partes secetur 2° ut polygona a, b, c, d.. laterum describantur. Gotting. Januar. 19

Theoremata de Ress. -1 ∓ 2 simili methodo ~~pertro~~ demonstratae et cetera .... Gott. Febr. 4.

Forma $aa+bb+cc-bc-ac-ab$ quod ad divisores attinet convenit cum hac $aa+3bb$ Febr. 6

Amplificatio prop. penult. p. 1. scilicet

$$1-a+a^3-a^6+a^{10}\ldots = \cfrac{1}{1+\cfrac{a}{1+\cfrac{a^2-a}{1+\cfrac{a^3}{1+\cfrac{a^4-a^2}{1+\cfrac{a^5}{1+\&c.}}}}}}$$ Febr. 16

Unde facile omnes series ubi exp. sr. sc. ordinis constituunt transformantur

[51] Curvam lemniscatam a $\int \frac{\mathrm{d}x}{\sqrt{(1-x^4)}}$ pendentem perscrutari coepi.

[52] Criterii Euleriani rationem sponte detexi.

[53] Integrale complet[um] $\int \frac{\mathrm{d}x}{\sqrt[n]{(1-x^n)}}$ ad circ[uli] quadr[aturam] reducere commentus sum.

[54] Methodus facilis $\int \frac{x^n \mathrm{d}x}{1+x^m}$ determinandi.

[55] Supplementum eximium ad polygonorum descriptionem inveni. Sc[ilicet], si $a, b, c, d, \cdots$ sint factores primi numeri primi p unitate truncati, tunc ad polygoni p laterum [descriptionem] nihil aliud requiri quam ut:
1°. arcus indefinitus in $a, b, c, d, \cdots$ partes secetur,
2°. ut polygona $a, b, c, d, \cdots$ laterum describantur.

[56] Theoremata de res[iduis]$-1, \mp 2$ simili methodo demonstrata ut cetera …

[57] Forma

$$aa + bb + cc - bc - ac - ab$$

quod ad divisores attinet convenit cum hac:

$$aa + 3bb.$$

[58] Amplificatio prop[ositionis] penult[imae] p[aginae] 1, scilicet

$$1 - a + a^3 - a^6 + a^{10} \cdots$$

$$= \cfrac{1}{1 + \cfrac{a}{1 + \cfrac{a^2 - a}{1 + \cfrac{a^3}{1 + \cfrac{a^4 - a^2}{1 + \cfrac{a^5}{1 + \text{etc.}}}}}}}$$

Unde facile omnes series ubi exp[onentes] ser[iem] sec[undi] ordinis constituunt transformantur.

Formularum integralium formae
$\int e^{-t^{a}}\,dt$ et $\int \frac{du}{\sqrt[6]{(1+u^{\gamma})}}$
inter se comparationem institui. Mrz 2.

Cur ~~[illegible]~~ ad aequationem perveniatur
gradus $nn \pm$, dividendo curvam lemni-
scatam in n partes — Mrt. 19

A potestatibus Integr. $\int \frac{\partial x}{\sqrt{(1-x^{4})}}^{(\theta-1)}$ pendet
$\Sigma\left(\frac{mm+6mn+nn}{(mm+nn)^{4}}\right)^{k}$

Lemniscata geometrice in quinque
partes dividitur Mrt. 21. 4

\# Inter multa alia curvam lemniscatam
spectantia observavi Numeratorem sinus
decompositi, arcus duplicis esse =
2 Num. Denom. sinus × Num. Den. Cos. arcus simpl.
Denominatorem vero =
Num. sin.^{4} + Denom. sin.^{4}. Jam si Deno- hic
minatur pro arcu π' ponatur θ erit Denom.
sin arcus $k\pi'$, $= \theta^{kk}$. Jam $\theta = 4{,}810480$
cuius numeri logarithmus hyperbolicus est =
1,570796 i.e. $= \frac{1}{2}\pi$ quod maxime est memorabile
cuiusque proprietatis demonstratio gravissima
analyseos incrementa ~~pr~~ pollicetur. Mart. 29.

[59] Formularum integralium formae:

$$\int e^{-t^{\alpha}} \mathrm{d}t \quad \text{et} \quad \int \frac{\mathrm{d}u}{\sqrt[\beta]{(1+u^{\gamma})}}$$

inter se comparationem institui.

[60] Cur ad aequationem perveniatur gradus nn^{ti} dividendo curvam lemniscatam in n partes ...

[61] A potestatibus Integr[alis]

$$\int \frac{\mathrm{d}x}{\sqrt{(1-x^4)}} \quad (0 \cdots 1)$$

pendet

$$\sum \left(\frac{mm + 6mn + nn}{(mm+nn)^4} \right)^k$$

[62] Lemniscata geometrice in quinque partes dividitur.

[63] Inter multa alia Curvam Lemniscatam spectantia observavi

[63a] Numeratorem sinus decompositi, arcus duplicis esse = 2 Num. Denom. Sinus × Num. Den[om]. Cos. arcus simpl[icis];

[63b] Denominatorem vero = (Num. sin.)^4 + (Denom. sin.)^4.

[63c] Iam si hic denominator pro arcu π^l ponatur θ erit Denom[inator] sin arcus $k\pi^l = \theta^{kk}$.

[63d] Iam

$$\theta = 4,810480$$

[63e] cuius numeri logarithmus hyperbolicus est

$$= 1,570796 \text{ i. e.} = \frac{1}{2}\pi$$

quod maxime est memorabile cuiusque proprietatis demonstratio gravissima analyseos incrementa pollicetur.

Demonstrationes elegantiores pro nexu divisorum formae $\square - A$, $+1$ cum -1, ± 2 inveni Jun. 17 Gotting.

Deductionem secundam theoriae polygonorum excolui Jul. 17 Gotting.

Per utramque methodum monstrari potest puras tantum aequationes solvi oportere.

Quod Art. 1. per ind. invenimus demonstratione munivimus Jul. 20.

Casum singularem solutionis congruentiae $x^n - 1 \equiv 0$ (scilicet quando ~~[illegible]~~ congr. aux. radices aequales habet) qui tamdiu nos ~~me~~ vexavit felicissimo successu vicimus, ex ~~[illegible]~~ congruentiarum solutione si modulus est numeri primi potestas. ~~[illegible]~~ Jul. 22.

Si $x^{m+n} + ax^{m+n-1} + bx^{m+n-2} \ldots + n$ (A)

per $x^m + \alpha x^{m-1} + \beta x^{m-2} \ldots + m$ (B)

dividatur atque omnes coefficientes in (A), a, b, c sint numeri integri

~~[illegible] potest esse numeris rationalibus [illegible] si omnes rationales esse~~

[64] Demonstrationes elegantiores pro nexu divisorum formae $\square - \alpha, +1$ cum $-1, \pm 2$ inveni.

[65] Deductionem secundam theoriae polygonorum excolui.

[66] Per utranque methodum monstrari potest puras tantum aequationes solvi oportere.

[67] Quod Oct. 1. per ind[uctionem] invenimus demonstratione munivimus.

[68] Casum singularem solutionis congruentiae

$$x^n - 1 \equiv 0$$

(scilicet quando congr[uentia] aux[iliaris] radices aequales habet) qui tam diu nos vexavit felicissimo succeesu vicimus, ex congruentiarum solutione si modulus est numeri primi potestas.

[69] Si

$$\text{(A)} \quad x^{m+n} + ax^{m+n-1} + bx^{m+n-2} + \cdots + n$$

per

$$\text{(B)} \quad x^m + \alpha x^{m-1} + \beta x^{m-2} + \cdots + m$$

dividatur atque omnes coefficientes in (A) a, b, c, etc. sint numeri integri, coefficientes vero omnes in (B) rationales, etiam hi omnes erunt integri ultimumque n ultimus m metietur.

coefficientes vero omnes in B, rationales etiam hi omnes erunt integri ultimusque n ultimus m metietur. Jul. 23.

Forsan omnia producta

ex $(a + b\rho + c\rho^2 + d\rho^3 \ldots)$
designante ρ omnes radices prim. aeq. $x^n = 1$
ad formam $(x - \rho y)(x - \rho^2 y) \ldots$
reduci potest. Est enim

$$(a+b\rho+c\rho^2)\times(a+b\rho^2+c\rho) = (a-b)^2+(a-b)(c-a)+(c-a)^2$$

$$(a+b\rho+c\rho^2+d\rho^3)\times(a+b\rho^3+c\rho^2+d\rho) = (a-c)^2+(b-d)^2$$

$$(a+b\rho+c\rho^2+d\rho^3+e\rho^4+f\rho^5)\times \;=\; (a+b-d-e)^2 - (a+b-d-e)(a-c-d-f) + (a-c-d-f)^2$$

$$= (a+b-d-e)^2 + (a+b-d-e)(b+c-e-f) + (b+c-e-f)^2$$

Vid. Febr. 4.

Falsum est
hinc enim sequeretur binos numeros e forma
N.e.$(x-\rho y)$ contentis productum in eadem forma esse
quod facile refutatur

Radicum aeq. $x^n=1$ periodi plures eandem summam habere non possunt demonstratum Jul. 27. Gött.

[70] Forsan omnia Producta ex

$$(a + b\varrho + c\varrho^2 + d\varrho^3 + \cdots)$$

designante ϱ omnes radices prim[itivas] aeq[uationis] $x^n = 1$ ad formam

$$(x - \varrho y)(x - \varrho^2 y)\cdots$$

reduci possunt. Est enim:

$$(a+b\varrho+c\varrho^2)\times(a+b\varrho^2+c\varrho) = (a-b)^2+(a-b)(c-a)+(c-a)^2$$

$$(a+b\varrho+c\varrho^2+d\varrho^3)\times(a+b\varrho^3+c\varrho^2+d\varrho) = (a-c)^2+(b-d)^2$$

$$\begin{aligned}(a + b\varrho + c\varrho^2 + d\varrho^3 + e\varrho^4 + f\varrho^5)\times &= (a+b-d-e)^2 \\ -(a+b-d-e)(a-c-d-f) &+ (a-c-d-f)^2 \\ &= (a+b-d-e)^2 \\ +(a+b-d-e)(b+c-e-f) &+ (b+c-e-f)^2\end{aligned}$$

Falsum est. Hinc enim sequeretur, e binis numeris in forma Pr[oducti] e $(x-\varrho y)$ contentis productum in eadem forma esse, quod facile refutatur.

[71] Radicum aeq[uationis] $x^n = 1$ periodi plures eandem summam habere non possunt demonstratur.

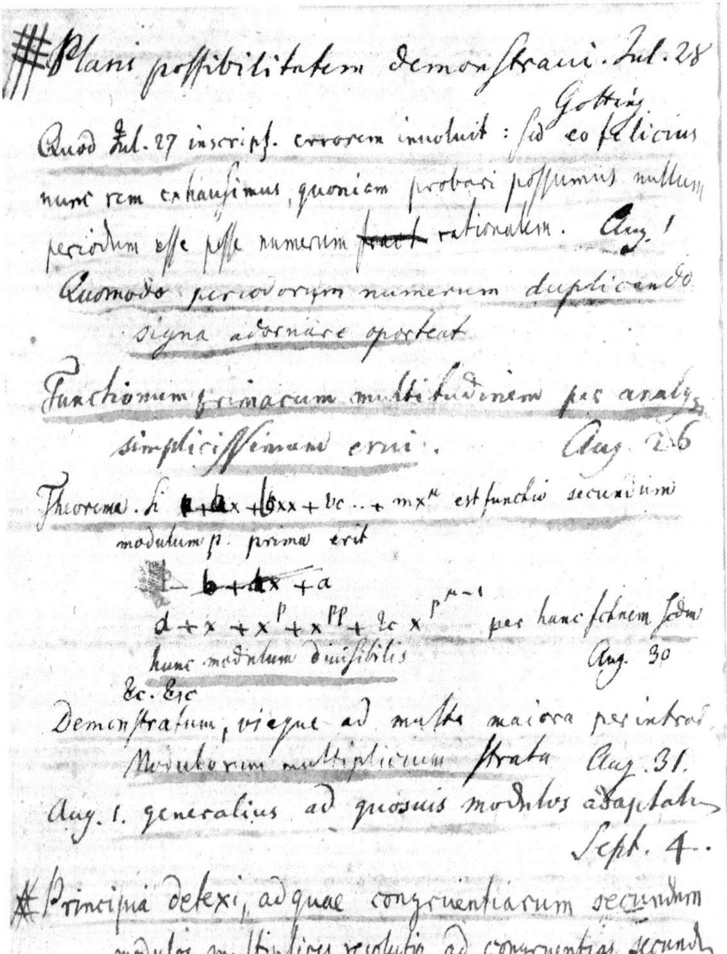

Plani possibilitatem demonstravi. Jul. 28 Gotting.

Quod Jul. 27 inscripsi errorem involvit: sed eo felicius nunc rem exhausimus, quoniam probari possumus nullum periodum esse posse numerum ~~fract~~ rationalem. Aug. 1

Quomodo periodorum numerum duplicando signa adornare oporteat.

Functionum primarum multitudinem per analysin simplicissimam erui. Aug. 26

Theorema. Si ~~a+b~~x + ~~c~~xx + &c ... + mx^{μ} est functio secundum modulum p. prima erit

~~1 - b + ax~~ + a

$d + x + x^{p} + x^{pp} + \&c\; x^{p^{\mu-1}}$ per hanc fctnem secundum hunc modulum divisibilis Aug. 30

&c. Etc

Demonstratum, viaque ad multo maiora per introd. Modulorum multiplicium strata Aug. 31.

Aug. 1. generalius ad quosvis modulos adaptatum Sept. 4.

Principia detexi, ad quae congruentiarum secundum modulos multiplices resolutio ad congruentias secundum modulum linearem reducitur Sept. 9

Aequationes habere radices imaginarias methodo genuina demonstratum. Bruns. Oct.

Prim. in dissert. promul. Mense Aug. 1799.

[72] Plani possibilitatem demonstravi.

[73] Quod Iul. 27. inscrips[imus] errorem involvit: sed eo felicius nunc rem exhausimus, quoniam probari possumus nullum periodum esse posse numerum rationalem.

[74] Quomodo periodorum numerum duplicando signa adornare oporteat.

[75] Functionum primarum multitudinem per analysin simplicissimam erui.

[76] Theorema: Si

$$1 + ax + bxx + \text{ etc. } + mx^{\mu}$$

est functio secundum modulum p prima, erit:

$$d + x + x^{p} + x^{pp} + \text{ etc. } + x^{p^{\mu-1}}$$

per hanc f[un]ct[io]nem s[e]c[un]d[u]m hunc modulum divisibilis etc. etc.

[77] Demonstratum, viaque ad multa maiora per introd[uctionem] Modulorum multiplicium strata.

[78] Aug. 1. generalius ad quosvis modulos adaptatur.

[79] Principia detexi, ad quae congruentiarum secundum modulos multiplices resolutio ad congruentias secundum modulum linearem reducitur.

[80] Aequationes habere radices imaginarias methodo genuina demonstratum.
Prom[ulgatum] in dissert[atione] pecul[iari] mense Aug. 1799.

Noua theorematis Pythagorici Dem. Bruns. Oct. 16

Seriei ~~rum~~ $x - \frac{1}{2}x^2 + \frac{1}{12}x^3 - \frac{1}{144}x^4 \ldots$ summam consideravimus

invenimusque eam $= 0$ si

~~$2\sqrt{x}$~~ $2\sqrt{x} + \frac{3}{16}\frac{1}{\sqrt{x}} - \frac{21}{1024}\frac{1}{\sqrt{x^3}} = (k + \frac{1}{4})\pi$

Brunsv. Oct. 16.

Positis $l(1+x) = \varphi' x$; $l(1+\varphi' x) = \varphi'' x$; $l(1+\varphi'' x) = \varphi''' x$

&c. erit $\varphi^i x = \sqrt[3]{\frac{1}{\frac{3}{2}i}} +$ Brunsv. Apr.

\# Classes dari in quavis ordine: hincque numerorum in terna quadrata discerpibilitas ad theoriam solidam reducta Brunsv. Apr. 6.

Demonstrationem genuinam compositionis virium eruimus Gotting. Mai.

\# Theorema la Grange de ~~trans~~formatione functionem ad functiones quotcunque variabilium extendi. Gotting. Mai.

\# Series $1 + \frac{1}{4} + \left(\frac{1.1}{2.4}\right)^2 + \left(\frac{1.1.3}{2.4.6}\right)^2 + \&c. = \frac{4}{\pi}$ Jun

~~et ad multo gener~~ simul cum theoria generali serierum ~~angulos~~ involventium sinus et cosinus angulorum arithmetice crescentium

\# Calculus probabilitatis contra La Place defensus Gott. Jun. 17.

[81] Nova theorematis Pythagoraei Dem[onstratio].

[82] Seriei

$$x - \frac{1}{2}x^2 + \frac{1}{12}x^3 - \frac{1}{144}x^4 \cdots$$

summam consideravimus invenimusque eam $= 0$, si

$$2\sqrt{x} + \frac{3}{16}\frac{1}{\sqrt{x}} - \frac{21}{1024}\frac{1}{\sqrt{\cdot 3x}} \cdots = (k + \frac{1}{4})\pi.$$

[83] Positis

$$l(1+x) = \varphi' x; \quad l(1+\varphi' x) = \varphi'' x; \quad l(1+\varphi'' x) = \varphi''' x \text{ etc.},$$

erit

$$\varphi^i x = \sqrt[3]{\frac{1}{\frac{3}{2}i}} + \cdots$$

[84] Classes dari in quovis ordine; hincque numerorum in terna quadrata discerpibilitas ad theoriam solidam reducta.

[85] Demonstrationem genuinam compositionis virium eruimus.

[86] Theorema la Grange de transformatione functionum ad functiones quotcunque, variabilium extendi.

[87] Series

$$1 + \frac{1}{4} + \left(\frac{1 \cdot 1}{2 \cdot 4}\right)^2 + \left(\frac{1 \cdot 1 \cdot 3}{2 \cdot 4 \cdot 6}\right)^2 + \text{etc.} = \frac{4}{\pi}$$

simul cum theoria generali serierum involventium sinus et cosinus angulorum arithmetice crescentium.

[88] Calculus probabilitatis contra La Place defensus.

Problema eliminationis ita solutum ut nihil amplius desiderari possit. Gott. Jun.

Varia elegantiuscula circa attractionem sphaerae

$$1 + \frac{1}{9}\,\frac{1.3}{4.4} + \frac{1}{81}\,\frac{1.3.5.7}{4.4.8.8} + \frac{1}{729}\,\frac{1.3.5.7.9.11}{4.4.8.8.12.12} \ldots =$$

$$1{,}02220\ldots = \frac{1{,}3110\ldots}{3{,}1415\ldots}\quad \sqrt{\ }\ [illegible]$$

Jul

$$\text{arc. sin lemn. sin}\,\varphi - \text{arc. sin lemn. cos}\,\varphi = \varpi - \frac{2\varphi\varpi}{\pi}$$

1,198

1,97

$$\text{sin. lemnisc.} = 0{,}95500598\ \text{sin.} - 0{,}0430495\ \text{sin}\,3 + 0{,}0018605\ \text{sin}\,5 - 0{,}0000803\ \text{sin}\,7$$

$$\text{sin}^2\,\text{lemn.} = 0.4569472 = \frac{\pi}{\varpi\varpi}\ \text{cos.}\,2.$$

$$\text{Arc. sin. lemn. sin}\,\varphi = \frac{\varpi}{\pi}\varphi + \left(\frac{\varpi}{\pi} - \frac{2}{\varpi}\right)\text{sin}\,2\varphi + \left(\frac{11}{2}\frac{\varpi}{\pi} - \frac{12}{\varpi}\right)\text{sin}\,4\varphi$$

$$\text{sin}^5 = 0{,}4775031\ldots\ \text{sin} - \ldots + 0{,}03$$

[89] Problema eliminationis ita solutum ut nihil amplius desiderari possit.

[90] Varia elegantiuscula circa attractionem sphaerae.

[91a]

$$1+\frac{1}{9}\frac{1\cdot 3}{4\cdot 4}+\frac{1}{81}\frac{1\cdot 3\cdot 5\cdot 7}{4\cdot 4\cdot 8\cdot 8}+\frac{1}{729}\frac{1\cdot 3\cdot 5\cdot 7\cdot 9\cdot 11}{4\cdot 4\cdot 8\cdot 8\cdot 12\cdot 12}\cdots$$
$$=1,02220\cdots=\frac{1,3110\cdots}{3,1415\cdots}\sqrt{6}\left[=\frac{\bar{\omega}}{2}\frac{1}{\pi}\sqrt{6}\right]$$

[91b] arc. sin lemn. sin φ - arc. sin lemn. $\cos\varphi=\bar{\omega}-{}^{2\varphi\bar{\omega}}/_{\pi}$

$$\begin{aligned}\text{sin lemnisc. }[\varphi]=\;&0,95500698\sin[\varphi]\\&-0,0430495\sin 3[\varphi]\\&+0,0018605\sin 5[\varphi]\\&-0,0000803\sin 7[\varphi]\end{aligned}$$

$$\sin^2\text{lemn. }[\varphi]=0,4569472$$
$$=\frac{\pi}{\bar{\omega}\bar{\omega}}-[0,4569472]\cos 2[\varphi]\cdots$$

$$\begin{aligned}\text{arc. sin lemn. sin }\varphi=\;&\frac{\bar{\omega}}{\pi}\varphi+\left(\frac{\bar{\omega}}{\pi}-\frac{2}{\bar{\omega}}\right)\sin 2\varphi\\&+\left(\frac{11}{2}\frac{\bar{\omega}}{\pi}-\frac{12}{\bar{\omega}}\right)\sin 4\varphi+\cdots\end{aligned}$$

$$\begin{aligned}\sin^5[\varphi]=\;&0,4775031\sin[\varphi]\\&+0,03\cdots[\sin 3\varphi]\cdots\end{aligned}$$

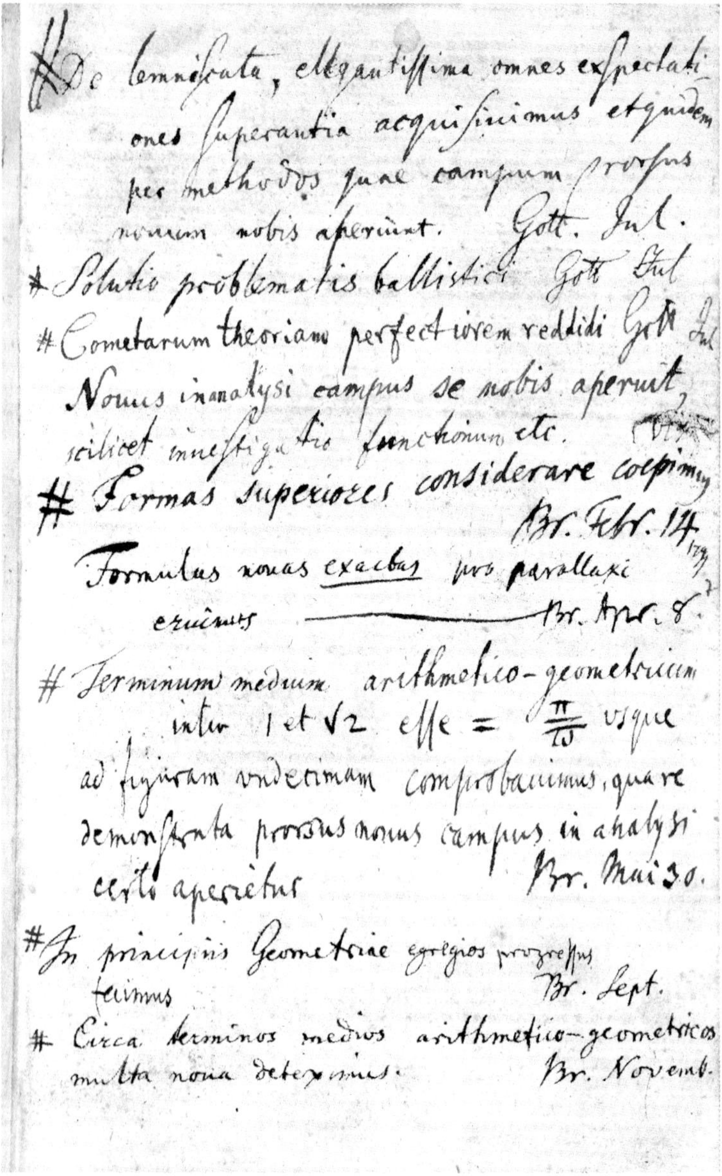

De lemniscata, elegantissima omnes exspectationes superantia acquisivimus et quidem per methodos quae campum prorsus novum nobis aperiunt. Gott. Jul.

Solutio problematis ballistici Gott Jul

Cometarum theoriam perfectiorem reddidi Gott Jul

Novus in analysi campus se nobis aperuit, scilicet investigatio functionum etc. Oct.

Formas superiores considerare coepimus Br. Febr. 14 1799

Formulas novas exactas pro parallaxi eruimus ——— Br. Apr. 8

Terminum medium arithmetico-geometricum inter 1 et $\sqrt{2}$ esse $= \frac{\pi}{\varpi}$ usque ad figuram undecimam comprobavimus, qua re demonstrata prorsus novus campus in analysi certo aperietur Br. Mai 30.

In principiis Geometriae egregios progressus fecimus Br. Sept.

Circa terminos medios arithmetico-geometricos multa nova deteximus. Br. Novemb.

[92] De lemniscata, elegantissima omnes exspectationes superantia acquisivimus et quidem per methodos quae campum prorsus novum nobis aperiunt.

[93] Solutio problematis ballistici.

[94] Cometarum theoriam perfectiorem reddidi.

[95] Novus in analysi campus se nobis aperuit, scilicet investigatio functionum etc.

[96] Formas superiores considerare coepimus.

[97] Formulas novas exactas pro parallaxi eruimus.

[98] Terminum medium arithmetico-geometricum inter 1 et $\sqrt{2}$ esse $= \pi/\varpi$ usque ad figuram undecimam comprobavimus, qua re demonstrata prorsus novus campus in analysi certo aperietur.

[99] In principiis Geometriae egregios progressus fecimus.

[100] Circa terminos medios arithmetico-geometricos multa nova deteximus.

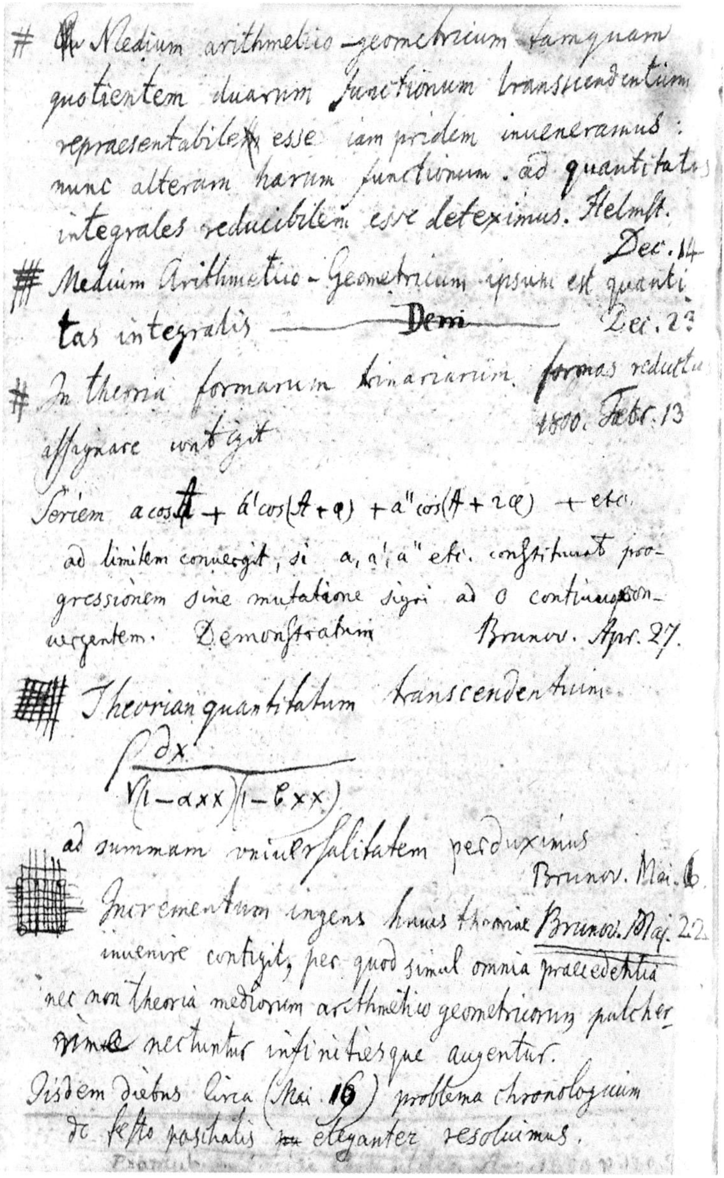

\# Medium arithmetico-geometricum tamquam quotientem duarum functionum transscendentium repraesentabilem esse iam pridem inveneramus: nunc alteram harum functionum ad quantitates integrales reducibilem esse deteximus. Helmst. Dec. 14

\# Medium Arithmetico-Geometricum ipsum est quantitas integralis — Dem. Dec. 23

\# In theoria formarum binariarum formas reductas assignare contigit 1800. Febr. 13

Seriem $a\cos A + a'\cos(A+\varphi) + a''\cos(A+2\varphi) + \text{etc.}$ ad limitem convergit, si a, a', a'' etc. constituunt progressionem sine mutatione signi ad 0 continuo convergentem. Demonstratum Brunov. Apr. 27.

Theoriam quantitatum transcendentium

$$\int \frac{dx}{\sqrt{(1-\alpha xx)(1-\beta xx)}}$$

ad summam universalitatem perduximus Brunov. Mai. 6

Incrementum ingens huius theoriae invenire contigit, per quod simul omnia praecedentia nec non theoria mediorum arithmetico geometricorum pulcherrime nectuntur infinitesque augentur. Brunov. Maj. 22

Iisdem diebus circa (Mai 16) problema chronologicum de festo paschatis eleganter resolvimus.

[101] Medium arithmetico-geometricum tamquam quotientem duarum functionum transscendentium repraesentabile esse iam pridem inveneramus: nunc alteram harum functionum ad quantitates integrales reducibilem esse deteximus.

[102] Medium Arithmetico-Geometricum ipsum est quantitas integralis. Dem[onstratum].

[103] In theoria formarum trinariarum formas reductas assignare contigit.

[104] Seriem

$$a\cos A + a'\cos(A+\varphi) + a''\cos(A+2\varphi) + \text{etc.}$$

ad limitem convergit, si a, a', a'' etc. constituunt progressionem sine mutatione signi ad 0 continuo convergentem. Demonstratum.

[105] Theoriam quantitatum transcendentium:

$$\int \frac{\mathrm{d}x}{\sqrt{(1-\alpha xx)(1-\beta xx)}}$$

ad summam universalitatem perduximus.

[106] Incrementum ingens huius theoriae Brunov. Mai. 22 invenire contigit, per quod simul omnia praecedentia nec non theoria mediorum arithmetico-geometricorum pulcherrime nectuntur infinitiesque augentur.

[107] Iisdem diebus circa (Mai. 16.) problema chronologicum de festo paschalis eleganter resolvimus.
(Promulgatum in Zachii Comm. liter. Aug. 1800, p. 121, 223.)

Numeratorem et denominatorem sinus lemniscatici (universalissime accepti) ad quantitates integrales reducere contigit, simul omnium functionum lemniscaticarum quae excogitari possunt evolutiones in series infinitas ex principiis genuinis haustae. inventum pulcherrimum sane nullique praecedentium inferius.

Praeterea iisdem diebus principia deteximus secundum quae series arithmetico-geometricae interpolari debent, ita ut terminos in progressione data ad indicem quemcunque rationalem pertinentes per aequationes algebraicas exhibere iam in potestate sit. Mai ult. Jun 2.3.

Inter duos numeros datos semper dantur infinite multi termini medii tam arithmetico geometrici quam harmonico geometrici, quorum nexum mutuum ex asse perspiciendi felicitas nobis est facta. Junio 3. Brunov.

Theoriam nostram iam ad transcendentes ellipticas immediate applicavimus Junio 5

Rectificatio Ellipseos tribus modis di- Jun. 10 versis absoluta.

#Calculum Numerico-Exponentialem omnino novum invenimus – – – – Jun 12

Problema e calculo probabilitatis circa fractiones continuas olim frustra tentatum solvimus Oct. 25

[108] Numeratorem et denominatorem sinus lemniscatici (universalissime accepti) ad quantitates integrales reducere contigit; simul omnium functionum lemniscaticarum, quae excogitari possunt, evolutiones in series infinitas ex principiis genuinis haustae; inventum pulcherrimum sane nullique praecedentium inferius.
Praeterea iisdem diebus principia deteximus, secundum quae series arithmetico-geometricae interpolari debent, ita ut terminos in progressione data ad indicem quemcunque rationalem pertinentes per aequationes algebraicas exhibere iam in potestate sit.

[109] Inter duos numeros datos semper dantur infinite multi termini medii tum arithmetico-geometrici tum harmonico-geometrici, quorum nexum mutuum ex asse perspiciendi felicitas nobis est facta.

[110] Theoriam nostram iam ad transcendentes ellipticas immediate applicavimus.

[111] Rectificatio Ellipseos tribus modis diversis absoluta.

[112] Calculum Numerico-Exponentialem omnino novum invenimus ...

[113] Problema e calculo probabilitatis circa fractiones continuas olim frustra tentatum solvimus.

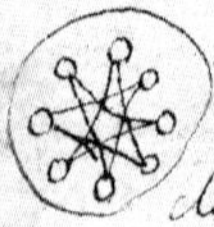

Nov. 30, Felix fuit dies quo multitudinem classium formarum binar. per triplicem methodum assignare largitum est nobis puta 1) per prod. infin. 2) per aggregatum infinitum 3) per aggregatum finitum cotangentium seu logarithm. sinuum. Brun.

Dec. 3. Methodum quartam ex omnibus simplicissimam deteximus pro dett. negativis ex sola multit. numerorum ξ, ξ' etc. petitam si Ax + ξ, Ax + ξ' etc. sunt formae lineares divisorum for $\square + D$. Ibid.

Impossibile esse, ut sectio circuli ad aequationes inferiores quam theoria nostra suggerit reducatur demonstratum Brunov. Apr. 6

Iisdem diebus Pascha Judaeorum per methodum novam determinare docuimus (Apr. 1)

* Methodus quinta theorema fundamentale demonstrandi se obtulit adiumento theorematis elegantissimi theoriae sectionis circuli puta

$$\Sigma \begin{Bmatrix}\sin\\ \cos\end{Bmatrix} \frac{nn}{a} P = \begin{matrix}+\sqrt{a}\\ +\sqrt{a}\end{matrix} \Bigg| \begin{matrix}0\\ +\sqrt{a}\end{matrix} \Bigg| \begin{matrix}0\\ 0\end{matrix} \Bigg| \begin{matrix}+\sqrt{a}\\ 0\end{matrix}$$

prout $a \equiv$ 0 1 2 3 (mod. 4) | substituendo pro n omnes numeros a 0 usque ad a−1

Brunsv. Mai. medio

Methodus nova simplicissima expeditissima elementa orbitarum corporum coelestium investigandi. Brunsu. Sept. m

Theoriam motus Lunae aggressi sumus Aug.

[114] Nov. 30. Felix fuit dies, quo multitudinem classium formar[um] binar[iarum] per triplicem methodum assignare largitum est nobis, puta:
1) per prod[uctum] infin[itum],
2) per aggregatum infinitum,
3) per aggregatum finitum cotangentium seu logarithm[orum] sinuum.

[115] Dec. 3. Methodum quartam ex omnibus simplicissimam deteximus pro det[erminantibus] negativis ex sola multit[udine] numeror[um] ϱ, ϱ' etc. petitam, si $Ax + \varrho$, $Ax + \varrho'$. etc. sunt formae lineares divisor[um] for[mae] $\square + \text{D}$.

[116] Impossibile esse, ut sectio circuli ad aequationes inferiores, quam theoria nostra suggerit, reducatur, demonstratum.

[117] Iisdem diebus Pascha Iudaeorum per methodum novam determinare docuimus.

[118] Methodus quinta theorema fundamentale demonstrandi se obtulit adiumento theorematis elegantissimi theoriae sectionis circuli, puta

$$\sum \left.\begin{matrix}\sin\\ \cos\end{matrix}\right\} \frac{nn}{a}P = \begin{array}{c|c|c|l} +\sqrt{a} & 0 & 0 & +\sqrt{a} \\ +\sqrt{a} & +\sqrt{a} & 0 & 0 \end{array}$$
$$\text{prout } a \equiv \quad 0 \qquad 1 \qquad 2 \qquad 3 \pmod{4}$$

substituendo pro n omnes numeros a 0 usque ad $(a-1)$.

[119] Methodus nova simplicissima expeditissima elementa orbitarum corporum coelestium investigandi.

[120] Theoriam motus Lunae aggressi sumus.

Formulas permultas novas in Astronomia theorica utilissimas eruimus 1801 Mense Octob.

Annis insequentibus 1802. 1803. 1804 occupationes astronomicae maximam otii partem abstulerunt, calculi imprimis circa planetarum novorum theoriam instituti. Unde evenit, quod hisce annis catalogus hicce neglectus est. ~~Kaile dies Cuare~~ Dies itaque, quibus aliquid ad matheseos incrementa conferre datum est memoriae exciderunt. —

Demonstratio theorematis venustissimi supra 1801 Mai. commemorati quam per 4 annos et ultra omni contentione quaesiveramus tandem perfecimus Comment. rec. I 1805. Aug 30.

Theoriam interpolationis ulterius excoluimus 1805 Novbr 10

Methodum, ex duobus locis heliocentricis corporis circa solem moventis eiusdem ~~orbitam~~ elementa determinandi novam perfectissimam deteximus. 1806. Januar.

Methodum e tribus planetae locis geocentricis eius orbitam determinandi ad summum perfectionis gradum evexinus 1806. Mai.

Methodus nova ellipsin et hyperbolam ad parabolam reducendi 1806 April.

Eodem circiter tempore resolutionem functionis $\frac{x^p-1}{x-1}$ in factores quatuor absoluimus.

Methodus nova e quatuor planetae locis geocentricis, quorum duo extremi sunt incompleti eius orbitam determinandi 1807 Jan 21

Theoria Residuorum cubicorum et biquadraticorum incepta 1807 Febr. 15 ulterius exculta et completa reddita Febr. 17. Demonstratione adhuc eget:

Demonstratio huius theoriae per methodum elegantissimam inventa ita ut penitus perfecta sit nihilque amplius desideretur. 1807 Febr 22
Hinc simul residua et non residua quadratica egregie illustrantur.

[121] Formulas permultas novas in Astronomia Theorica utilissimas eruimus.

[122] Annis insequentibus 1802. 1803. 1804 occupationes astronomicae maximam otii partem abstulerunt, calculi imprimis circa planetarum novorum theoriam instituti. Unde evenit, quod hisce annis catalogus hicce neglectus est. Dies itaque, quibus aliquid ad matheseos incrementa conferre datum est, memoriae exciderunt.

[123] Demonstratio theorematis venustissimi supra 1801 Mai. commemorati, quam per 4 annos et ultra omni contentione quaesiveramus, tandem perfecimus. Comment[ationes] rec[entiores], I.

[124] Theoriam interpolationis ulterius excoluimus.

[125] Methodum ex duobus locis heliocentricis corporis circa solem moventis eiusdem elementa determinandi novam perfectissimam deteximus.

[126] Methodum e tribus planetae locis geocentricis eius orbitam determinandi ad summum perfectionis gradum eveximus.

[127] Methodus nova ellipsin et hyperbolam ad parabolam reducendi.

[128] Eodem circiter tempore resolutionem functionis $^{x^p-1}/_{x-1}$ in factores quatuor absolvimus.

[129] Methodus nova e quatuor planetae locis geocentricis, quorum duo extremi sunt incompleti, eius orbitam determinandi.

[130] Theoria Residuorum cubicorum et biquadraticorum incepta

[131] ulterius exculta et completa reddita Febr. 17. Demonstratione adhuc eget.

[132] Demonstratio huius theoriae per methodum elegantissimam inventa ita ut penitus perfecta sit nihilque amplius desideretur. Hinc simul residua et non residua quadratica egregie illustrantur.

Theoremata, quae theoriae praecedenti incrementa maximi pretii adiungunt, demonstratione eleganti munita {scilicet pro quibusnam radicibus primitivis statuere oporteat ipsum b positivum pro quibusque aequationum $aa + 27bb = 4p$; $aa + 4bb = p$ } febr 24.

* Demonstratio omnino nova theorematis fundamentalis principiis omnino elementaribus innixam deteximus Maii 6.

Theoria divisionis in periodos tres (art. 358) ad principia longe simpliciora reducta 1808 May 10

Aequationem $X - 1 = 0$, quae continet omnes radices primitivas aequationis $x^n - 1 = 0$, in factores cum coëfficientibus rationalibus discerpi non posse, demonstr. pro valoribus compositis ipsius n 1808 Jun. 12

* Theoriam formarum cubicarum, solutionem aequ. $x^3 + ny^3 + nnz^3 - 3nxyz = 1$ aggressus sum Dec. 23

* Theorema de residuo cubico 3 per methodum specialem eleganter demonstratum per considerat. valorum $\frac{\varepsilon+1}{x}$ ubi ternis semper habent $a, a\varepsilon, a\varepsilon\varepsilon$ exceptis duobus quidam $\varepsilon, \varepsilon\varepsilon$ hi vero sunt $\frac{1}{\varepsilon - 1} = \frac{2\varepsilon - 1}{3}$ adeoque productum $\equiv \frac{1}{3}$ 1809 Jan 6

$\frac{1}{\varepsilon\varepsilon - 1} = \frac{\varepsilon - 1}{3}$

Series ad Media arithmeticogeometrica pertinentes fusius evolutae 1809 Jun 20

* Quinquesectionem pro mediis arithm: Geom. absol. 1809 Jun 29

[133] Theoremata, quae theoriae praecedenti incrementa maximi pretii adiungunt, demonstratione eleganti munita (scilicet pro quibusnam radicibus primitivis statuere oporteat ipsum b positivum pro quibusque negativum,

$$aa + 27bb = 4p; \quad aa + 4bb = p$$

).

[134] Demonstrationem omnino nova[m] theorematis fundamentalis principiis omnino elementaribus innixam deteximus.

[135] Theoria divisionis in periodos tres (art. 358) ad principia longe simpliciora reducta.

[136] Aequationem

$$X - 1 = 0,$$

quae continet omnes radices primitivas aequationis

$$x^n - 1 = 0,$$

in factores cum coefficientibus rationalibus discerpi non posse, demonstr[atum] pro valoribus compositis ipsius n.

[137] Theoriam formarum cubicarum, solutionem aequ[ationis]

$$x^3 + ny^3 + nnz^3 - 3nxyz = 1$$

aggressus sum.

[138] Theorema de residuo cubico 3 per methodum specialem elegantem demonstratum per considerat[iones] valorum ${}^{x+1}/_{x}$, ubi terni semper habent $a, a\varepsilon, a\varepsilon\varepsilon$ exceptis duobus, qui dant ε, $\varepsilon\varepsilon$ hi vero sunt

$$\frac{1}{\varepsilon - 1} = \frac{\varepsilon\varepsilon - 1}{3}, \quad \frac{1}{\varepsilon\varepsilon - 1} = \frac{\varepsilon - 1}{3}$$

adeoque productum $\equiv \frac{1}{3}$

[139] Series ad Media arithmetico-geometrica pertinentes fusius evolutae.

[140] Quinquesectionem pro mediis arithm[etico-] Geom[etricis] absol[vimus].

Catalogum praecedentem per fata iniqua iterum interruptum initio anni 1812 resumimus. In mense Nov. 1811 contigerat demonstrationem theorematis fundamentalis in doctrina aequationum pure analyticam completam reddere; sed quum nihil chartis servatum fuerit, pars quaedam essentialis memoriae penitus exciderat. Hanc per satis longum temporis intervallum frustra quaesitam tandem feliciter redinvenimus 1812 Febr. 29

Theoriam Attractionis Sphaeroidis Elliptici in puncta extra solidum sita prorsus novam invenimus
Seeberg. 1812. Sept. 26

Etiam partes reliquas eiusdem theoriae per methodum novam mirae simplicitatis absolvimus 1812 Oct. 15 Gott:

Fundamentum theoriae residuorum biquadraticorum generalis, per septem propemodum annos summa contentione sed semper frustra quaesitum tandem feliciter deteximus eodem die quo filius nobis natus est. 1813 Oct. 23 Gott.
Subtilissimum hoc est omnium eorum quae umquam perfecimus. Vix itaque operae pretium est, his intermiscere mentionem quarundam simplificationum ad calculum orbitarum parabolicarum pertinentium.

Observatio per inductionem facta gravissima theoriam residuorum biquadraticorum cum functionibus lemniscaticis elegantissime nectens. Puta si $a+bi$ est numerus primus $a-1+bi$ per $2+2i$ divisibilis, multitudo omnium solutionum congruentiae $1 = xx+yy+xxyy$ (mod $a+bi$), inclusis $x=\infty, y=\pm i$, $x=\pm i, y=\infty$ fit $=(a-1)^2+bb$
1814 Jul 9.

[141] Catalogum praecedentem per fata iniqua iterum interruptum initio anni 1812 resumimus. In mense Nov. 1811 contigerat demonstrationem theorematis fundamentalis in doctrina aequationum pure analyticam completam reddere; sed quum nihil chartis servatum fuerit, pars quaedam essentialis memoriae penitus exciderat. Hanc per satis longum temporis intervallum frustra quaesitam tandem feliciter redinvenimus.

[142] Theoriam Attractionis Sphaeroidis Elliptici in puncta extra solidum sita prorsus novam invenimus.

[143] Etiam partes reliquas eiusdem theoriae per methodum novam mirae simplicitatis absolvimus.

[144] Fundamentum theoriae residuorum biquadraticorum generalis, per septem propemodum annos summa contentione sed semper frustra quaesitum tandem feliciter deteximus eodem die quo filius nobis natus est.

[145] Subtilissimum hoc est omnium eorum quae umquam perfecimus. Vix itaque operae pretium est, his intermiscere mentionem quarumdam simplificationum ad calculum orbitarum parabolicarum pertinentium.

[146] Observatio per inductionem facta gravissima theoriam residuorum biquadraticorum cum functionibus lemniscaticis elegantissime nectens. Puta si $a+bi$ est numerus primus, $a-1+bi$ per $2+2i$ divisibilis, multitudo omnium solutionum congruentiae

$$1 = xx + yy + xxyy \; (\text{mod. } a+bi)\,,$$

inclusis

$$x = \infty, y = \pm i\,; \quad x = \pm i, y = \infty\,,$$

fit

$$= (a-1)^2 + bb$$

Übersetzung des Tagebuchs

Schuhmann, E.

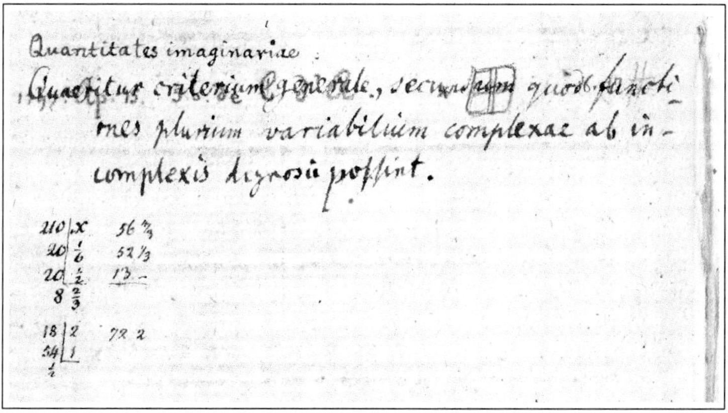
Quantitates imaginariae.
Quaeritur criterium generale, secundum quod functiones plurium variabilium complexae ab incomplexis dignosci possint.

[1] Principia quibus innititur sectio circuli, ac divisibilitas eiusdem geometrica in septemdecim partes etc.

[1796] Mart. 30. Brunsv[igae]

[2] Numerorum primorum non omnes numeros infra ipsos residua quadratica esse posse demonstratione munitum.

[1796] Apr. 8. Ibid. [Brunsvigae]

[3] Formulae pro cosinibus angulorum peripheriae submultiplorum expressionem generaliorem non admittent nisi in duab[us] periodis.

[1796] Apr. 12. Ibid. [Brunsvigae]

[4] Amplificatio normae residuorum ad residua et mensuras non indivisibiles.

[1796] Apr. 29. Gotting[ae]

[5] Numeri cuiusvis divisibilitas varia in binos primos.

[1796] Mai. 14. Gott[ingae]

[6] Coefficientes aequationum per radicum potestates additas facile dantur.

[1796] Mai. 23. Gott[ingae]

[1] Grundsätze, auf die sich die Teilung des Kreises stützt, und dessen geometrische Zerlegung in siebzehn Teile usw.

Braunschweig, 30. März [1796]

[2] Es ist durch Beweis gesichert, daß quadratische Reste der Primzahlen nicht alle Zahlen, die unter ihnen selbst liegen, sein können.

Ebd. [Braunschweig], 8. April [1796]

[3] Die Formeln für die Cosinus der Vielfachen der Teilungswinkel einer Peripherie gestatten einen allgemeineren Ausdruck nur mit Hilfe beider Perioden.

Ebd. [Braunschweig], 12. April [1796]

[4] Erweiterung der Regel für die Reste auf nicht notwendig prime Reste und Moduln.

Göttingen, 29. April [1796]

[5] Verschiedenartige [additive] Zerlegbarkeit jeder beliebigen Zahl in je zwei Primzahlen.

Göttingen, 14. Mai [1796]

[6] Die Koeffizienten der Gleichungen werden leicht durch die addierten Potenzen der Wurzeln gegeben.

Göttingen, 23. Mai [1796]

[7] Transformatio seriei

$$1 - 2 + 8 - 64 \cdots$$

in fractionem continuam:

$$\cfrac{1}{1+\cfrac{2}{1+\cfrac{2}{1+\cfrac{8}{1+\cfrac{12}{1+\cfrac{32}{1+\cfrac{56}{1+128\cdots}}}}}}}$$

$$1 - 1 + 1\cdot 3 - 1\cdot 3\cdot 7 + 1\cdot 3\cdot 7\cdot 15 + \cdots$$

$$= \cfrac{1}{1+\cfrac{1}{1+\cfrac{2}{1+\cfrac{6}{1+\cfrac{12}{1+28\cdots}}}}}$$

et aliae.

[1796] Mai. 24. G[ottingae]

[8] Scalam simplicem in seriebus variatim recurrentibus esse functionem similem secundi ordinis scalarum componentium.

[1796] 26. Mai.

[7] Umformung der Reihe

$$1 - 2 + 8 - 64 \pm \cdots$$

in den Kettenbruch:

$$\cfrac{1}{1+\cfrac{2}{1+\cfrac{2}{1+\cfrac{8}{1+\cfrac{12}{1+\cfrac{32}{1+\cfrac{56}{1+128\cdots}}}}}}}$$

$$1 - 1 + 1\cdot 3 - 1\cdot 3\cdot 7 + 1\cdot 3\cdot 7\cdot 15 + \cdots$$

$$= \cfrac{1}{1+\cfrac{1}{1+\cfrac{2}{1+\cfrac{6}{1+\cfrac{12}{1+28\cdots}}}}}$$

und andere.

Göttingen, 24. Mai [1796]

[8] Die einfache Skala in unterschiedlich rekurrenten Reihen ist eine ähnliche Funktion zweiter Ordnung der zusammensetzenden Skalen.

26. Mai [1796]

[9] Comparationes infinitorum in numeris primis et factoribus cont[entorum].

[1796] 31. Mai. G[ottingae]

[10] Scala ubi seriei termini sunt producta vel adeo functiones quaecunque terminorum quotcunque serierum.

[1796] 3. Iun. G[ottingae]

[11] Formula pro summa factorum numeri cuiusvis compositi:

$$\text{f[actum] gener[ale]}\ \frac{a^{n+1}-1}{a-1}$$

[1796] 5. Iun. G[ottingae]

[12] Periodorum summa omnibus infra modulum numeris pro elementis sumtis:

$$\text{fact[um] gen[erale]}\ [(n+1)a-na]a^{n-1}$$

[1796] 5. Iun. G[ottingae]

[13] Leges distributionis.

[1796] 19. Iun. G[ottingae]

[14] Factorum Summae in Infinito $= \pi\pi/6$ Sum[ma] Num[erorum].

[1796] 20. Iun. G[ottingae]

[15] Coepi de multiplicatoribus (in formis divisorum form[aru]m qu[adraticarum]) connexis cogitare.

[1796] 22. Iun. G[ottingae]

[9] Vergleiche des in Primzahlen und Faktoren enthaltenen [Anteils am] Unendlichen.

Göttingen, 31. Mai [1796]

[10] Eine Skala, wo die Glieder einer Reihe Produkte oder sogar beliebige Funktionen von den Gliedern beliebig vieler Reihen sind.

Göttingen, 3. Jun. [1796]

[11] Die Formel für die Summe der Faktoren einer beliebigen zusammengesetzten Zahl [ist]:

$$\text{allgemeines Produkt [über] } \frac{a^{n+1}-1}{a-1}\,.$$

Göttingen, 5. Jun. [1796]

[12] Die Summe der Perioden [mit Hilfe] aller unterhalb eines Moduls als Elemente genommenen Zahlen [ist]:

$$\text{allgemeines Produkt [über] } [(n+1)a - na]a^{n-1}\,.$$

Göttingen, 5. Jun. [1796]

[13] Gesetze der Verteilung.

Göttingen, 19. Jun. [1796]

[14] Die Summen der Faktoren asymptotisch gleich $= \pi^2/6$ mal Summe der Zahlen.

Göttingen, 20. Jun. [1796]

[15] Ich habe begonnen, über verbundene Multiplikatoren (in den Formen der Teiler der quadratischen Formen) nachzudenken.

Göttingen, 22. Jun. [1796]

[16] Nova theorematis aurei demonstratio a priori toto coelo diversa eaque haud parum elegans.

[1796] 27. Iun.

[17] Quaeque partitio numeri a in tria $\Box$ dat formam in tria $\Box$ separabilem.

[1796] 3. Iul.

[17a] Summa trium quadratorum continue proportionalium numquam primus esse potest: conspicuum exemplum novimus et quod congruum videtur. Confidamus.

[1796] 9. Iul.

[18] *EYPHKA!* num[erus] $= \triangle + \triangle + \triangle$.

[1796] 10. Iul. Gött[ingen]

[19] Determinatio Euleriana formarum in quibus numeri compositi plus una vice continentur.

[1796 Iul. Gottingae]

[20] Principia componendi scalas serierum variatim recurrentium.

[1796] 16. Iul. Gött[ingen]

[21] Methodus Euleriana pro demonstranda relatione inter rectangula sub segmentis rectarum sese secantium in sectionibus conicis ad omnes curvas applicata.

[1796] 31. Iul. Gott[ingae]

[22] $a^{2^n \mp 1(p)} \equiv 1$ semper solvere in potestate.

[1796] Aug. 3. Gött[ingen]

[16] Eine neue Darlegung des goldenen Lehrsatzes, von der bisherigen grundsätzlich abweichend und sehr elegant.

27. Jun. [1796]

[17] Jede Zerlegung der Zahl a in drei □ ergibt eine in drei □ zerlegbare Form.

3. Jul. [1796]

[17a] Die Summe dreier fortlaufend proportionaler Quadrate kann niemals eine Primzahl sein: wir kennen ein hervorragendes Beispiel, das auch damit übereinstimmend zu sein scheint. Vertrauen wir!

9. Jul. [1796]

[18] Heureka! [= Ich hab's gefunden!] Zahl $= \triangle + \triangle + \triangle$.

Göttingen, 10. Jul. [1796]

[19] Die Eulersche Bestimmung der Formen, in denen zusammengesetzte Zahlen mehr als einmal enthalten sind.

[Göttingen, Jul. 1796]

[20] Prinzipien für das Zusammenstellen von Skalen verschiedenartig rekurrenter Reihen.

Göttingen, 16. Jul. [1799]

[21] Die Eulersche Methode zum Beweis der Relation zwischen den Rechtecken aus den Abschnitten von sich schneidenden Geraden in Kegelschnitten ist auf alle Kurven angewendet worden.

Göttingen, 31. Jul. [1796]

[22] $a^{2^n \mp 1(p)} \equiv 1$ ist immer lösbar.

Göttingen, 3. Aug. [1796].

[23] Rationem theorematis aurei quomodo profundius perscrutari oporteat perspexi et ad hoc accingor supra quadraticas aequationes egredi conatus. Inventio formularum, quae semper per primos: $\sqrt[n]{1}$ (numerice) dividi possunt.

[1796] Aug. 13. Ibid. [Gottingae]

[24] Obiter $(a + b\sqrt{-1})^{m+n\sqrt{-1}}$ evolutum.

[1796 Aug.] 14.

[25] Rei summa iamiam intellecta. Restat ut singula muniantur.

[1796 Aug.] 16. G[ottingae]

[26] $(a^p) \equiv (a)$ mod. p, a radix aequationis cuiusvis quomodocunque irrationalis.

[1796 Aug.] 18. G[ottingae]

[27] Si P, Q functiones alg[ebraicae] quantitatis indeterminatae fuerint inc[ommensurabiles]. Datur:

$$tP + uQ = 1$$

in algebra tum speciata tum numerica.

[1796 Aug.] 19. G[ottingae]

[28] Exprimuntur potestates radicum aequationis propositae aggregatae per coefficientes aequationis lege perquam simplici (cum aliis quibusdam geometr[icis] in Exerci[tationibus]).

[1796 Aug.] 21. G[ottingae]

[23] Ich habe genau erkannt, wie die Begründung des goldenen Lehrsatzes tiefer erforscht werden muß, und ich mache mich an dieses Problem, indem ich versuche, über die quadratischen Gleichungen hinauszugehen. Entdeckung der Formeln, die immer nach Primzahlen: $\sqrt[n]{1}$ (numerisch) zerlegt werden können

Ebd. [Göttingen], 13. Aug. [1796]

[24] Nebenbei $(a + b\sqrt{-1})^{m+n\sqrt{-1}}$ entwickelt.

14. [Aug. 1796]

[25] Das Wesentliche der Sache ist jetzt erkannt. Bleibt nur noch übrig, daß die Einzelheiten abgesichert werden.

Göttingen, 16. [Aug. 1796]

[26] $(a^p) \equiv (a) \pmod{p}$, a Wurzel einer beliebigen irrationalen Gleichung.

Göttingen, 18. [Aug. 1796]

[27] Wenn P [und] Q algebraische Funktionen einer unbestimmten Größe zueinander teilerfremd gewesen sind. Es gilt:

$$tP + uQ = 1$$

einmal in der Zahlentheorie, dann auch in der Buchstabenrechnung.

Göttingen, 19. [Aug. 1796]

[28] Die addierten Potenzen der Wurzeln der vorgelegten Gleichung werden durch die Koeffizienten der Gleichung nach einem sehr einfachen Gesetz ausgedrückt (mit gewissen anderen geometrischen [Dingen] in den Exercitationes).

Göttingen, 21. [Aug. 1796]

[29] Summatio Seriei infinitae

$$1 + \frac{x^n}{1 \cdots n} + \frac{x^{2n}}{1 \cdots 2n} \text{ etc.}$$

eod[em die, 1796 Aug. 21.]

[30] Minutiis quibusdam exceptis feliciter scopum attigi scil[icet] si

$$p^n \equiv 1 \pmod{\pi},$$

fore $x^\pi - 1$ compositum e factoribus gradum n non excedentibus et proin aequationem conditionalem fore solubilem; unde duas theor[ematis] aurei demonstr[ationes] deduxi.

[1796] Sept. 2. G[ottingae]

[31] Numerus fractionum inaequalium quarum denominatores certum limitem non superat ad numerum fractionum omnium quarum num[eratores] aut denom[inatores] sint diversi infra eundem limitem in infinito ut $6 : \pi\pi$.

[1796] Sept. 6.

[29] Summierung der unendlichen Reihe

$$1 + \frac{x^n}{1 \cdots n} + \frac{x^{2n}}{1 \cdots 2n} + \cdots$$

Am selben Tag [21. Aug. 1796]

[30] Gewisse Kleinigkeiten ausgenommen, habe ich glücklich ein Ziel erreicht, nämlich wenn

$$p^n \equiv 1 \pmod{\pi},$$

[dann] wird $x^\pi - 1$ aus Faktoren zusammengesetzt sein, die den Grad n nicht überschreiten, und daraufhin wird die Bedingungsgleichung lösbar sein; von daher habe ich zwei Beweise des goldenen Lehrsatzes abgeleitet.

Göttingen, 2. Sept. [1796]

[31] Die Anzahl ungleicher Brüche, deren Nenner einen gewissen Wert nicht überschreiten, ist zu der Anzahl aller Brüche, deren Zähler oder Nenner unterhalb desselben Wertes verschieden sind, im Unendlichen wie $6 : \pi^2$.

6. Sept. [1796]

[32] Si $\int {\mathrm{d}x}/{\sqrt{(1-x^3)}}$ stat[uatur] $\Pi : x = z$ et $x = \Phi : z$, erit

$$\Phi : z = z - \frac{1}{8}z^4 + \frac{1}{112}z^7 - \frac{1}{1792}z^{10} + \frac{3}{1792 \cdot 52}z^{13} - \frac{3 \cdot 185}{1792 \cdot 52 \cdot 14 \cdot 15 \cdot 16}z^{16} \dots$$

[1796] Sept. 9.

[33] Si

$$\Phi[:] \int \frac{\mathrm{d}x}{\sqrt{(1-x^n)}} = x$$

erit:

$$\Phi : z = z - \frac{1 \cdot z^n}{2 \cdot n+1}A + \frac{n-1 \cdot z^n}{4 \cdot 2n+1}B - \frac{nn-n-1 \cdot [z^n]}{2 \cdot n+1 \cdot 3n+1}C \cdots$$

[1796] Sept. 14.

[34] Methodus facilis inveniendi aeq[uationem] in y ex aeq[uatione] in x si ponatur:

$$x^n + ax^{n-1} + bx^{n-2} \cdots = y.$$

[1796 Sept. 16.]

[32] Wenn $\int^{[x]} \mathrm{d}t/\sqrt{(1-t^3)}$ gesetzt wird $\Pi(x) = z$ und $x = \Phi(z)$, wird

$$\Phi(z) = z - \frac{1}{8}z^4 + \frac{1}{112}z^7 - \frac{1}{1792}z^{10} + \frac{3}{1792 \cdot 52}z^{13} - \frac{3 \cdot 185}{1792 \cdot 52 \cdot 14 \cdot 15 \cdot 16}z^{16} \dots$$

sein.

9. Sept. [1796]

[33] Wenn

$$\Phi\left(\int \frac{\mathrm{d}t}{\sqrt{(1-t^n)}}\right) = x$$

wird

$$\Phi(z) = z - \frac{1 \cdot z^n}{2 \cdot n+1}A + \frac{n-1 \cdot z^n}{4 \cdot 2n+1}B - \frac{n^2-n-1 \cdot [z^n]}{2 \cdot n+1 \cdot 3n+1}C + \cdots$$

sein.

14. Sept. [1796]

[34] Eine leichte Methode zum Finden der Gleichung in y aus der Gleichung in x, wenn vorgegeben wird:

$$x^n + ax^{n-1} + bx^{n-2} + \cdots = y.$$

[16. Sept. 1796]

[35] Fractiones quarum denominator continet quantitates irrationales (quomodocunque?) in alias transmutare ab hoc incommodo liberatas.

[1796] Sept. 16.

[36] Coefficientes aeq[uationis] auxiliariae eliminationi inservientis ex radicibus aeq[uationis] datae determinati.

eod[em die, 1796 Sept. 16.]

[37] Nova methodus qua resolutionem aequationum universalem investigare forsitanque invenire licebit.
Scil[icet] transm[utetur] aeq[uatio] in aliam cuius radices

$$\alpha\varrho' + \beta\varrho'' + \gamma\varrho''' + \cdots$$

ubi

$$\sqrt[n]{1} = \alpha, \beta, \gamma \text{ etc.}$$

et n numerus aequationis gradum denotans.

[1796] Sept. 17.

[38] In mentem mihi venit radices aeq[uationis] $x^n - 1[= 0]$ ex aeq[uationibus], communes radices habentibus, elicere ut adeo plerumque tantum aequationes coefficientibus rationalibus gaudentes resolvi oporteat.

[1796] Sept 29. Bruns[vigae]

[35] Brüche, deren Nenner irrationale Größen (auf welche Art auch immer?) enthält, in andere zu verwandeln, die von diesem Nachteil befreit worden sind.

16. Sept. [1796]

[36] Die Koeffizienten der zur Elimination dienenden Hilfsgleichung sind bestimmt aus den Wurzeln der gegebenen Gleichung.

Am selben Tage [16. Sept. 1796]

[37] Eine neue Methode, mit deren Hilfe es möglich sein wird, die allgemeine Auflösung von Gleichungen zu erforschen und vielleicht auch zu finden.
Es werde nämlich eine Gleichung in eine andere umgewandelt, deren Wurzeln

$$\alpha\varrho' + \beta\varrho'' + \gamma\varrho''' + \cdots$$

sind, wobei

$$\sqrt[n]{1} = \alpha, \beta, \gamma \cdots$$

und die Zahl n den Grad der Gleichung bezeichnet.

17. Sept. [1796]

[38] Mir kam in den Sinn, die Wurzeln der Gleichung $x^n - 1\,[\,=0\,]$ aus Gleichungen, die gemeine Wurzeln haben, zu gewinnen, so daß man überhaupt in der Regel nur Gleichungen, die rationale Koeffizienten besitzen, zu lösen braucht.

Braunschweig, 29. Sept. [1796]

[39] Aequatio tertii gradus est haec:

$$x^3 + xx - nx + \frac{nn - 3n - 1 - mp}{3} = 0,$$

ubi $3n + 1 = p$ et m numerus resid[uorum] cubic[orum] similes sui excipientes. Unde sequitur si $n = 3k$, fore $m + 1 = 3l$; si $n = 3k \pm 1$, fore $m = 3l$.
Sive

$$z^3 - 3pz + pp - 8p - 9pm = 0.$$

Hoc [modo] m penitus determinatum, $m + 1$ semper $\square + 3\square$.

[1796] Octob. 1. Bruns[vigae]

[40] Aequationis

$$x^p - 1 = 0$$

radices per integros multiplicatae aggregatae cifram producere non possunt.

[1796] ⊙ Oct. 9. Brunsv[igae]

[41] Quaedam sese obtulerunt de multiplicatoribus aequationum, ut certi termini eiiciantur, quae praeclara pollicentur.

[1796] ⊙ Oct. 16. Bruns[vigae]

[42] Lex detecta: quando et demon[stra]ta erit systema ad perfectionem evexerimus.

[1796] Oct. 18. Brunsv[igae]

[39] Die Gleichung dritten Grades ist diese:

$$x^3 + x^2 - nx + \frac{n^2 - 3n - 1 - mp}{3} = 0\ ,$$

wobei $3n+1 = p$ und m die Anzahl der sich als zueinander ähnlich erweisenden kubischen Reste ist. Von daher folgt, wenn $n = 3k$, [dann] wird $m + 1 = 3l$ sein, wenn $n = 3k \pm 1$, wird $m = 3l$ sein. Oder [es sei]

$$z^3 - 3pz + p^2 - 8p - 9pm = 0\ .$$

Dadurch ist m gänzlich bestimmt, $m + 1$ ist immer $\Box + 3\Box$.

Braunschweig, 1. Oktob. [1796]

[40] Die Wurzeln der Gleichung

$$x^p - 1 = 0$$

mit ganzen Zahlen multipliziert und addiert können nicht Null hervorbringen.

Braunschweig, ⊙ 9. Okt. [1796]

[41] Über die Multiplikatoren der Gleichungen haben sich gewisse Dinge angeboten, so daß bestimmte Glieder beseitigt werden, was ausgezeichnete [Ergebnisse] verspricht.

Braunschweig, ⊙ 16. Okt. [1796]

[42] Ein Gesetz ist entdeckt: wenn es auch noch bewiesen sein wird, werden wir das System zur Vollendung geführt haben.

Braunschweig, 18. Okt. [1796]

[43] Vicimus GEGAN.

[1796] Oct 21. Bruns[vigae]

[44] Formula interpolationis elegans.

[1796] Nov. 25. G[ottingae]

[45] Incepi Expressionem

$$1 - \frac{1}{2^\omega} + \frac{1}{3^\omega} \cdots$$

in seriem transmutare secundum potestates ipsius ω progredientem.

[1796] Nov. 26. G[ottingae]

[46] Formulae trigonometricae per series expressae.

[1796] per Dec.

[47] Differentiationes generalissimae.

[1796] Dec. 23.

[48] Curvam parabolicam quadrare suscepi, cuius puncta quotcunque dantur.

[1796] Dec. 26.

[49] Demonstrationem genuinam theorematis La Grangiani detexi.

[1796] Dec. 27.

[43] Wir haben GEGAN bezwungen.

Braunschweig, 21. Okt. [1796]

[44] Eine elegante Formel für die Interpolation.

Göttingen, 25. Nov. [1796]

[45] Ich habe begonnen, den Ausdruck

$$1 - \frac{1}{2^\omega} + \frac{1}{3^\omega} + \cdots$$

in eine Reihe umzuwandeln, die nach Potenzen von ω selbst fortschreitet.

Göttingen, 26. Nov. [1796]

[46] Trigonometrische Formeln durch Reihen ausgedrückt.

Im Dez. [1796]

[47] Sehr allgemeine Differentiationen.

23. Dez. [1796]

[48] Ich habe begonnen, eine parabolische Kurve, für die beliebig viele Punkte vorgegeben sind, zu quadrieren.

26. Dez. [1796]

[49] Ich habe den natürlichen Beweis des Lehrsatzes von Lagrange entdeckt.

27. Dez. [1796]

[50]

$$\left.\begin{aligned}\int\sqrt{\sin x}\cdot \mathrm{d}x &= 2\int\frac{yy\mathrm{d}y}{\sqrt{(1-y^4)}}\\ \int\sqrt{\operatorname{tang} x}\cdot \mathrm{d}x &= 2\int\frac{\mathrm{d}y}{\sqrt[4]{(1-y^4)}}\\ \int\sqrt{\frac{1}{\sin x}}\cdot \mathrm{d}x &= 2\int\frac{\mathrm{d}y}{\sqrt{(1-y^4)}}\end{aligned}\right\}\ yy = \begin{matrix}\sin\\ \cos\end{matrix}\ x.$$

[1797] Ian. 7

[51] Curvam lemniscatam a

$$\int\frac{\mathrm{d}x}{\sqrt{(1-x^4)}}$$

pendentem perscrutari coepi.

[1797] Ian. 8.

[52] Criterii Euleriani rationem sponte detexi.

[1797] Ian. 10.

[53] Integrale complet[um]

$$\int\frac{\mathrm{d}x}{\sqrt[n]{(1-x^n)}}$$

ad circ[uli] quadr[aturam] reducere commentus sum.

[1797] Ian. 12.

[54] Methodus facilis

$$\int\frac{x^n\mathrm{d}x}{1+x^m}$$

determinandi.

[1797 Ian.]

[50]

$$\left.\begin{array}{l}\int \sqrt{\sin x}\cdot \mathrm{d}x = 2\int \frac{y^2\mathrm{d}y}{\sqrt{(1-y^4)}}\\ \int \sqrt{\tan x}\cdot \mathrm{d}x = 2\int \frac{\mathrm{d}y}{\sqrt[4]{(1-y^4)}}\\ \int \sqrt{\frac{1}{\sin x}}\cdot \mathrm{d}x = 2\int \frac{\mathrm{d}y}{\sqrt{(1-y^4)}}\end{array}\right\} y^2 = \left\{\begin{array}{l}\sin x\\ \cos x\end{array}\right.$$

7. Jan. 1797

[51] Ich habe begonnen, die Lemniskate, die von

$$\int \frac{\mathrm{d}x}{\sqrt{(1-x^4)}}$$

abhängt, zu erforschen.

8. Jan. [1797]

[52] Ganz von selbst habe ich die Begründung des Eulerschen Kriteriums entdeckt.

10. Jan. [1797]

[53] Ich habe erwogen, das vollständige Integral

$$\int \frac{\mathrm{d}x}{\sqrt[n]{(1-x^n)}}$$

auf die Quadratur des Kreises zurückzuführen.

12. Jan. [1797]

[54] Eine leichte Methode zur Bestimmung von

$$\int \frac{x^n\mathrm{d}x}{1+x^m}$$

[Jan. 1797]

[55] Supplementum eximium ad polygonorum descriptionem inveni. Sc[ilicet], si $a, b, c, d, \cdots$ sint factores primi numeri primi p unitate truncati, tunc ad polygoni p laterum [descriptionem] nihil aliud requiri quam ut:
1°. arcus indefinitus in $a, b, c, d, \cdots$ partes secetur,
2°. ut polygona $a, b, c, d, \cdots$ laterum describantur.

Gotting[ee, 1797] Ianuar 19.

[56] Theoremata de res[iduis]$-1, \mp 2$ simili methodo demonstrata ut cetera ...

Gott[ingae, 1797] Febr. 4.

[57] Forma

$$aa + bb + cc - bc - ac - ab$$

quod ad divisores attinet convenit cum hac:

$$aa + 3bb.$$

[1797] Febr. 6.

[55] Zur Beschreibung der Polygone habe ich eine außerordentliche Ergänzung gefunden. Es wird nämlich, wenn $a, b, c, d, \ldots$ die Primfaktoren der um 1 verminderten Primzahl p sind, [zur Konstruktion] des Polygons mit p Seiten nichts anderes benötigt als daß
1. ein gewisser Kreisbogen in $a, b, c, d, \ldots$ Teile zerlegt wird,
2. die Polygone von $a, b, c, d, \ldots$ Seiten konstruiert werden.

Göttingen, 19. Jan. [1797]

[56] Die Lehrsätze über die Reste $-1, \mp 2$ sind durch eine ähnliche Methode bewiesen wie die anderen.

Göttingen, 4. Febr. [1797]

[57] Die Form

$$a^2 + b^2 + c^2 - bc - ac - ab$$

stimmt, was die Teiler betrifft, mit folgender überein:

$$a^2 + 3b^2 \ .$$

6. Febr. [1797]

[58] Amplificatio prop[ositionis] penult[imae] p[aginae] 1, scilicet

$$1 - a + a^3 - a^6 + a^{10} \cdots$$

$$= \cfrac{1}{1 + \cfrac{a}{1 + \cfrac{a^2 - a}{1 + \cfrac{a^3}{1 + \cfrac{a^4 - a^2}{1 + \cfrac{a^5}{1 + \text{etc.}}}}}}}$$

Unde facile omnes series ubi exp[onentes] ser[iem] sec[undi] ordinis constituunt transformantur.

[1797] Febr. 16.

[59] Formularum integralium formae:

$$\int \mathrm{e}^{-t^a} \mathrm{d}t \quad \text{et} \quad \int \frac{\mathrm{d}u}{\sqrt[\beta]{(1 + u^\gamma)}}$$

inter se comparationem institui.

[1797] M[ä]rz 2.

[60] Cur ad aequationem perveniatur gradus nn^{ti} dividendo curvam lemniscatam in n partes ...

[1797] M[a]rt. 19.

[58] Erweiterung der vorletzten Behauptung von Seite 1 [7]; es ist nämlich

$$1 - a + a^3 - a^6 + a^{10} \dots$$

$$= \cfrac{1}{1 + \cfrac{a}{1 + \cfrac{a^2 - a}{1 + \cfrac{a^3}{1 + \cfrac{a^4 - a^2}{1 + \cfrac{a^5}{1 + \dots}}}}}}$$

So werden leicht alle Reihen, wo die Exponenten eine Folge zweiter Ordnung bilden, umgeformt.

16. Febr. [1797]

[59] Zwischen den Integralformeln der Form

$$\int e^{-t^\alpha} dt \text{ und } \int \frac{du}{\sqrt[\beta]{(1 + u^\gamma)}}$$

habe ich einen Vergleich angestellt.

2. März [1797]

[60] Warum man beim Teilen der Lemniskate in n Teile zu einer Gleichung des Grades n^2 gelangt.

19. März [1797]

[61] A potestatibus Integr[alis]

$$\int \frac{\mathrm{d}x}{\sqrt{(1-x^4)}} \quad (0 \cdots 1)$$

pendet

$$\sum \left(\frac{mm + 6mn + nn}{(mm+nn)^4} \right)^k$$

[1797 Mart.]

[62] Lemniscata geometrice in quinque partes dividitur.
[1797] M[a]rt. 21.

[63] Inter multa alia Curvam Lemniscatam spectantia observavi

[63a] Numeratorem sinus decompositi, arcus duplicis esse = 2 Num. Denom. Sinus × Num. Den[om]. Cos. arcus simpl[icis];

[63b] Denominatorem vero =
(Num. sin.)^4 + (Denom. sin.)^4.

[63c] Iam si hic denominator pro arcu π^l ponatur θ erit Denom[inator] sin arcus $k\pi^l = \theta^{kk}$.

[63d] Iam

$$\theta = 4,810480$$

[61] Von den Potenzen des Integrals

$$\int_0^1 \frac{\mathrm{d}x}{\sqrt{(1-x^4)}}$$

hängt ab

$$\sum \left(\frac{m^2+6mn+n^2}{(m^2+n^2)^4} \right)^k .$$

[März 1797]

[62] Die Lemniskate läßt sich geometrisch in fünf Teile teilen.

21. März [1797]

[63] Neben vielem anderen, was die Lemniskate betrifft, habe ich bemerkt:

[63a] daß der Zähler des zerlegten Sinus vom doppelten Bogen = 2 mal Zähler mal Nenner des Sinus × Zähler mal Nenner des Cosinus vom einfachen Bogen ist;

[63b] daß der Nenner [des Sinus vom doppelten Bogen] aber = (Zähler Sinus)^4 + (Nenner Sinus)^4 ist.

[63c] Wenn jetzt dieser Nenner für den Bogen π^l gleich θ gesetzt wird, dann wird der Nenner des Sinus vom Bogen $k\pi^l$ gleich θ^{k^2} sein.

[63d] Jetzt ist

$$\theta = 4,810480 .$$

[63e] cuius numeri logarithmus hyperbolicus est

$$= 1,570796 \text{ i.e. } = \frac{1}{2}\pi$$

quod maxime est memorabile cuiusque proprietatis demonstratio gravissima analyseos incrementa pollicetur.

[1797] Mart. 29.

[64] Demonstrationes elegantiores pro nexu divisorum formae $\Box - \alpha, +1$ cum $-1, \pm 2$ inveni.

[1797] Iun. 17. Gotting[ae]

[65] Deductionem secundam theoriae polygonorum excolui.

[1797] Iul. 17. Gotting[ae]

[66] Per utranque methodum monstrari potest puras tantum aequationes solvi oportere.

[1797 Iul.]

[67] Quod Oct. 1. per ind[uctionem] invenimus demonstratione munivimus.

[1797] Iul. 20.

[68] Casum singularem solutionis congruentiae

$$x^n - 1 \equiv 0$$

(scilicet quando congr[uentia] aux[iliaris] radices aequales habet) qui tam diu nos vexavit felicissimo succeesu vicimus, ex congruentiarum solutione si modulus est numeri primi potestas.

[1797] Iul. 21.

[63e] der hyperbolische Logarithmus dieser Zahl ist

$$= 1,570796, \text{ d. h. } = \frac{1}{2}\pi ,$$

was ganz besonders erwähnenswert ist, und der Beweis dieses Sachverhaltes verspricht sehr bedeutende Fortschritte in der Analysis.

29. März [1797]

[64] Für den Zusammenhang der Teiler der Form $\square - \alpha, +1$ mit $-1, \pm 2$ habe ich noch elegantere Beweise gefunden.

Göttingen, 17. Jun. [1797]

[65] Die zweite Ableitung der Theorie der Polygone habe ich verfeinert.

Göttingen, 17. Jul. [1797]

[66] Durch beide Methoden kann gezeigt werden, daß nur reine Gleichungen gelöst zu werden brauchen.

[Jul. 1797]

[67] Was wir am 1. Okt. induktiv gefunden haben, haben wir nun durch Beweis gesichert.

20. Jul. [1797]

[68] Den besonderen Fall der Lösung der Kongruenz

$$x^n - 1 \equiv 0$$

(das heißt, wenn die Hilfskongruenz gleiche Wurzeln hat), der uns so lange gequält hat, haben wir mit glücklichem Erfolg bewältigt, und zwar aus der Lösung der Kongruenzen, wenn der Modul eine Potenz einer Primzahl ist.

21. Jul. [1797]

[69] Si

$$\text{(A)}\quad x^{m+n} + ax^{m+n-1} + bx^{m+n-2} + \cdots + n$$

per

$$\text{(B)}\quad x^{m} + \alpha x^{m-1} + \beta x^{m-2} + \cdots + m$$

dividatur atque omnes coefficientes in (A) a, b, c, etc. sint numeri integri, coefficientes vero omnes in (B) rationales, etiam hi omnes erunt integri ultimumque n ultimus m metietur.

[1797] Iul. 23.

[69] Wenn

$$(A) \quad x^{m+n} + ax^{m+n-1} + bx^{m+n-2} + \cdots + n$$

durch

$$(B) \quad x^{m} + \alpha x^{m-1} + \beta x^{m-2} + \cdots + m$$

teilbar ist und alle Koeffizienten in (A) a, b, c usw. ganze Zahlen sind, alle Koeffizienten in (B) aber rationale, werden auch diese ausnahmslos ganze Zahlen sein, und das m am Ende wird Teiler des am Ende stehenden n sein.

23. Jul. [1797]

[70] Forsan omnia Producta ex

$$(a + b\varrho + c\varrho^2 + d\varrho^3 + \cdots)$$

designante ϱ omnes radices prim[itivas] aeq[uationis] $x^n = 1$ ad formam

$$(x - \varrho y)(x - \varrho^2 y) \cdots$$

reduci possunt. Est enim:

$$(a+b\varrho+c\varrho^2)\times(a+b\varrho^2+c\varrho) = (a-b)^2+(a-b)(c-a)+(c-a)^2$$

$$(a+b\varrho+c\varrho^2+d\varrho^3)\times(a+b\varrho^3+c\varrho^2+d\varrho) = (a-c)^2+(b-d)^2$$

$$\begin{aligned}(a + b\varrho + c\varrho^2 + d\varrho^3 + e\varrho^4 + f\varrho^5)\times &= (a + b - d - e)^2 \\ -(a + b - d - e)(a - c - d - f) + (a - c - d - f)^2 & \\ &= (a + b - d - e)^2 \\ +(a + b - d - e)(b + c - e - f) + (b + c - e - f)^2 &\end{aligned}$$

Vid. Febr. 4.

Falsum est. Hinc enim sequeretur, e binis numeris in forma Pr[oducti] e $(x - \varrho y)$ contentis productum in eadem forma esse, quod facile refutatur.

[1797 Iul.]

[71] Radicum aeq[uationis] $x^n = 1$ periodi plures eandem summam habere non possunt demonstratur.

[1797] Iul. 27. Gott[ingae]

[70] Vielleicht können alle Produkte aus

$$(a + b\varrho + c\varrho^2 + d\varrho^3 + \cdots)$$

wobei ϱ alle primitiven Wurzeln für die Gleichung $x^n = 1$ bezeichnet, auf die Form

$$(x - \varrho y)(x - \varrho^2 y) \cdots$$

zurückgeführt werden. Es ist nämlich:

$$(a+b\varrho+c\varrho^2)\times(a+b\varrho^2+c\varrho) = (a-b)^2+(a-b)(c-a)+(c-a)^2$$

$$(a+b\varrho+c\varrho^2+d\varrho^3)\times(a+b\varrho^3+c\varrho^2+d\varrho) = (a-c)^2+(b-d)^2$$

$$\begin{aligned}(a + b\varrho + c\varrho^2 + d\varrho^3 + e\varrho^4 + f\varrho^5)\times &= (a + b - d - e)^2 \\ -(a + b - d - e)(a - c - d - f) &+ (a - c - d - f)^2 \\ &= (a + b - d - e)^2 \\ +(a + b - d - e)(b + c - e - f) &+ (b + c - e - f)^2\end{aligned}$$

Siehe 4. Febr.

Das ist falsch. Hieraus würde nämlich folgen, daß das Produkt aus zwei Zahlen, die in der Form eines Produktes aus den $(x - \varrho y)$ enthalten sind, in derselben Form ist, was leicht widerlegt wird.

[Jul. 1797]

[71] Es wird bewiesen, daß nicht mehrere Perioden der Wurzeln der Gleichung $x^n = 1$ dieselbe Summe haben können.

Göttingen, 27. Jul. [1797]

[72] Plani possibilitatem demonstravi.

[1797] Iul. 28. Gotting[ae]

[73] Quod Iul. 27. inscrips[imus] errorem involvit: sed eo felicius nunc rem exhausimus, quoniam probari possumus nullum periodum esse posse numerum rationalem.

[1797] Aug. 1.

[74] Quomodo periodorum numerum duplicando signa adornare oporteat.

[1797 Aug.]

[75] Functionum primarum multitudinem per analysin simplicissimam erui.

[1797] Aug. 26.

[76] Theorema: Si

$$1 + ax + bxx + \text{ etc. } + mx^{\mu}$$

est functio secundum modulum p prima, erit:

$$d + x + x^{p} + x^{pp} + \text{ etc. } + x^{p^{\mu-1}}$$

per hanc f[un]ct[io]nem s[e]c[un]d[u]m hunc modulum divisibilis etc. etc.

[1797] Aug. 30.

[77] Demonstratum, viaque ad multa maiora per introd[uctionem] Modulorum multiplicium strata.

[1797] Aug. 31.

[72] Die Möglichkeit der Ebene habe ich bewiesen.

Göttingen, 28. Jul. [1797]

[73] Was wir am 27. Jul. eingeschrieben haben, birgt in sich einen Irrtum: aber um so glücklicher haben wir jetzt die Angelegenheit erledigt, da wir nachweisen können, daß keine Periode eine rationale Zahl sein kann.

1. Aug. [1797]

[74] Auf welche Weise beim Verdoppeln der Anzahl der Perioden Vorzeichen zu setzen sind.

[Aug. 1797]

[75] Die Anzahl der Primfunktionen habe ich durch eine sehr einfache Analyse herausgefunden.

26. Aug. [1797]

[76] Lehrsatz: Wenn

$$1 + ax + bx^2 + \cdots + mx^\mu$$

eine Primfunktion nach dem zweiten Modul p ist, wird

$$d + x + x^p + x^{p^2} + \cdots + x^{p^{\mu-1}}$$

durch diese Funktion nach diesem zweiten Modul teilbar sein usw. usw.

30. Aug. [1797]

[77] Das ist bewiesen, und durch Einführung zusammengesetzter Moduln ist der Weg zu viel Höherem geebnet.

31. Aug. [1797]

[78] Aug. 1. generalius ad quosvis modulos adaptatur.

[1797] Sept. 4.

[79] Principia detexi, ad quae congruentiarum secundum modulos multiplices resolutio ad congruentias secundum modulum linearem reducitur.

[1797] Sept. 9.

[80] Aequationes habere radices imaginarias methodo genuina demonstratum.

Bruns[vigae, 1797] Oct.

Prom[ulgatum] in dissert[atione] pecul[iari] mense Aug. 1799.

[81] Nova theorematis Pythagoraei Dem[onstratio].

Bruns[vigae, 1797] Oct. 16.

[82] Seriei

$$x - \frac{1}{2}x^2 + \frac{1}{12}x^3 - \frac{1}{144}x^4 \cdots$$

summam consideravimus invenimusque eam $= 0$, si

$$2\sqrt{x} + \frac{3}{16}\frac{1}{\sqrt{x}} - \frac{21}{1024}\frac{1}{\sqrt{\cdot 3x}} \cdots = (k + \frac{1}{4})\pi.$$

Brunsv[igae, 1797] Oct. 16.

[78] [Das Ergebnis vom] 31. Aug. wird allgemeiner jedem beliebigen Modul angepaßt.

4. Sept. [1797]

[79] Ich habe die Grundlagen entdeckt, auf welche die Lösung der Kongruenzen nach zusammengesetzten zweiten Moduln auf die Kongruenzen nach einem linearen zweiten Modul zurückgeführt wird.

9. Sept. [1797]

[80] Es ist durch eine natürliche Methode bewiesen worden, daß Gleichungen imaginäre Wurzeln haben.

Braunschweig, Okt. [1797]

Veröffentlicht in der eigenen Dissertation Aug. 1799.

[81] Neuer Beweis des Pythagoreischen Lehrsatzes.

Braunschweig, 16. Okt. [1797]

[82] Wir haben über die Summe der Reihe

$$x - \frac{1}{2}x^2 + \frac{1}{12}x^3 - \frac{1}{144}x^4 + \cdots$$

nachgedacht und sie gefunden als $= 0$, wenn

$$2\sqrt{x} + \frac{3}{16}\frac{1}{\sqrt{x}} - \frac{21}{1024}\frac{1}{\sqrt{\cdot 3x}} + \cdots = \left(k + \frac{1}{4}\right)\pi.$$

Braunschweig, 16. Okt. [1797]

[83] Positis

$$l(1+x) = \varphi' x; \quad l(1+\varphi' x) = \varphi'' x; \quad l(1+\varphi'' x) = \varphi''' x \text{ etc.},$$

erit

$$\varphi^i x = \sqrt[3]{\frac{1}{\frac{3}{2}i}} + \cdots$$

Brunsv[igae, 1798] Apr.

[84] Classes dari in quovis ordine; hincque numerorum in terna quadrata discerpibilitas ad theoriam solidam reducta.

Brunsv[igae, 1798] Apr.

[85] Demonstrationem genuinam compositionis virium eruimus.

Gotting[ae, 1798] Mai.

[86] Theorema la Grange de transformatione functionum ad functiones quotcunque, variabilium extendi.

Gotting[ae, 1798] Mai.

[87] Series

$$1 + \frac{1}{4} + \left(\frac{1 \cdot 1}{2 \cdot 4}\right)^2 + \left(\frac{1 \cdot 1 \cdot 3}{2 \cdot 4 \cdot 6}\right)^2 + \text{etc.} = \frac{4}{\pi}$$

simul cum theoria generali serierum involventium sinus et cosinus angulorum arithmetice crescentium.

[1798] Iun.

[83] Gesetzt:

$$l(1+x) = \varphi' x; \quad l(1+\varphi' x) = \varphi'' x; \quad l(1+\varphi'' x) = \varphi''' x \cdots$$

so gilt

$$\varphi^i x = \sqrt[3]{\frac{1}{\frac{3}{2}i} + \cdots}$$

Braunschweig, Apr. [1798]

[84] Klassen gibt es in jeder Ordnung, und von daher ist die Zerlegbarkeit der Zahlen in je drei Quadrate auf eine gesicherte Theorie zurückgeführt.

Braunschweig, Apr. [1798]

[85] Einen natürlichen Beweis der Zusammensetzung der Kräfte haben wir gefunden.

Göttingen, Mai [1798]

[86] Den Lagrangeschen Lehrsatz über die Umkehrung der Funktionen habe ich auf Funktionen beliebig vieler Variablen ausgedehnt.

Göttingen, Mai [1798]

[87] Die Reihe

$$1 + \frac{1}{4} + \left(\frac{1 \cdot 1}{2 \cdot 4}\right)^2 + \left(\frac{1 \cdot 1 \cdot 3}{2 \cdot 4 \cdot 6}\right)^2 + \ldots = \frac{4}{\pi}$$

in Verbindung mit der allgemeinen Theorie der Reihen, die in sich den Sinus und Cosinus arithmetisch wachsender Winkel bergen.

Jun. [1798]

[88] Calculus probabilitatis contra La Place defensus.

Gott[ingae, 1798] Iun. 17.

[89] Problema eliminationis ita solutum ut nihil amplius desiderari possit.

Gott[ingae, 1798] Iun.

[90] Varia elegantiuscula circa attractionem sphaerae.

[1798 Iun. sive Iul.]

[91a]

$$1+\frac{1}{9}\frac{1\cdot 3}{4\cdot 4}+\frac{1}{81}\frac{1\cdot 3\cdot 5\cdot 7}{4\cdot 4\cdot 8\cdot 8}+\frac{1}{729}\frac{1\cdot 3\cdot 5\cdot 7\cdot 9\cdot 11}{4\cdot 4\cdot 8\cdot 8\cdot 12\cdot 12}\cdots$$
$$=1,02220\cdots=\frac{1,3110\cdots}{3,1415\cdots}\sqrt{6}\left[=\frac{\bar{\omega}}{2}\frac{1}{\pi}\sqrt{6}\right]$$

[1798] Iul.

[88] Die Wahrscheinlichkeitsrechnung ist gegenüber Laplace verteidigt worden.

Göttingen, 17. Jun. [1798]

[89] Das Problem der Elimination ist so gelöst, daß nichts weiter zu wünschen übrigbleibt.

Göttingen, Jun. [1798]

[90] Verschiedene Feinheiten in bezug auf die Anziehung der Kugel.

[Jun. oder Jul. 1798]

[91a]

$$1+\frac{1}{9}\frac{1\cdot 3}{4\cdot 4}+\frac{1}{81}\frac{1\cdot 3\cdot 5\cdot 7}{4\cdot 4\cdot 8\cdot 8}+\frac{1}{729}\frac{1\cdot 3\cdot 5\cdot 7\cdot 9\cdot 11}{4\cdot 4\cdot 8\cdot 8\cdot 12\cdot 12}+\ldots$$
$$=1,02220\cdots=\frac{1,3110\cdots}{3,1415\cdots}\sqrt{6}\left[=\frac{\bar{\omega}}{2}\frac{1}{\pi}\sqrt{6}\right]$$

[1798] Jul.

[91b] arc. sin lemn. sin φ - arc. sin lemn. cos $\varphi = \bar{\omega} - {}^{2\varphi\bar{\omega}}/_{\pi}$

$$\begin{aligned}\text{sin lemnisc. } [\varphi] = {} & 0,95500698 \sin[\varphi] \\ & - 0,0430495 \sin 3[\varphi] \\ & + 0,0018605 \sin 5[\varphi] \\ & - 0,0000803 \sin 7[\varphi]\end{aligned}$$

$$\sin^2 \text{lemn. } [\varphi] = 0,4569472$$
$$= \frac{\pi}{\bar{\omega}\bar{\omega}} - [0,4569472] \cos 2[\varphi] \cdots$$

$$\begin{aligned}\text{arc. sin lemn. sin } \varphi = {} & \frac{\bar{\omega}}{\pi}\varphi + \left(\frac{\bar{\omega}}{\pi} - \frac{2}{\bar{\omega}}\right) \sin 2\varphi \\ & + \left(\frac{11}{2}\frac{\bar{\omega}}{\pi} - \frac{12}{\bar{\omega}}\right) \sin 4\varphi + \cdots\end{aligned}$$

$$\begin{aligned}\sin^5 [\varphi] = {} & 0,4775031 \sin[\varphi] \\ & + 0,03 \cdots [\sin 3\varphi] \cdots\end{aligned}$$

[92] De lemniscata, elegantissima omnes exspectationes superantia acquisivimus et quidem per methodos quae campum prorsus novum nobis aperiunt.

Gott[ingae, 1798] Iul.

[93] Solutio problematis ballistici.

Gott[ingae, 1798] Iul.

[91b] arc. sin lemn. sin φ − arc. sin lemn. cos $\varphi = \bar{\omega} - {}^{2\varphi\bar{\omega}}/_{\pi}$

$$\begin{aligned}\text{sin lemnisc. } [\varphi] = {} & 0{,}95500698 \sin[\varphi] \\ & - 0{,}0430495 \sin 3[\varphi] \\ & + 0{,}0018605 \sin 5[\varphi] \\ & - 0{,}0000803 \sin 7[\varphi]\end{aligned}$$

$$\begin{aligned}&\sin^2 \text{lemn. } [\varphi] = 0{,}4569472 \\ &= \frac{\pi}{\bar{\omega}\bar{\omega}} - [0{,}4569472] \cos 2[\varphi] \cdots\end{aligned}$$

$$\begin{aligned}\text{arc. sin lemn. sin } \varphi = {} & \frac{\bar{\omega}}{\pi}\varphi + \left(\frac{\bar{\omega}}{\pi} - \frac{2}{\bar{\omega}}\right) \sin 2\varphi \\ & + \left(\frac{11}{2}\frac{\bar{\omega}}{\pi} - \frac{12}{\bar{\omega}}\right) \sin 4\varphi + \cdots\end{aligned}$$

$$\begin{aligned}\sin^5[\varphi] = {} & 0{,}4775031 \sin[\varphi] \\ & + 0{,}03 \cdots [\sin 3\varphi] \cdots\end{aligned}$$

[92] Über die Lemniskate haben wir sehr elegante Einzelheiten, die alle Erwartungen übertreffen, dazuerworben, und zwar durch Methoden, die uns ein ganz und gar neues Feld eröffnen.

Göttingen, Jul. [1798]

[93] Lösung eines ballistischen Problems.

Göttingen, Jul. [1798]

[94] Cometarum theoriam perfectiorem reddidi.

Gott[ingae, 1798] Iul.

[95] Novus in analysi campus se nobis aperuit, scilicet investigatio functionum etc.

[1798] Oct.

[96] Formas superiores considerare coepimus.

Br[unsvigae] Febr. 14. 1799.

[97] Formulas novas exactas pro parallaxi eruimus.

Br[unsvigae, 1799] Apr. 8.

[98] Terminum medium arithmetico-geometricum inter 1 et $\sqrt{2}$ esse $= {}^{\pi}/_{\varpi}$ usque ad figuram undecimam comprobavimus, qua re demonstrata prorsus novus campus in analysi certo aperietur.

Br[unsvigae, 1799] Mai. 30.

[99] In principiis Geometriae egregios progressus fecimus.

Br[unsvigae, 1799] Sept.

[100] Circa terminos medios arithmetico-geometricos multa nova deteximus.

Br[unsvigae, 1799] Novemb.

[94] Die Theorie über die Kometen habe ich vollkommener gemacht.

Göttingen, Jul. [1798]

[95] Ein neues Feld in der Analysis hat sich uns eröffnet, nämlich die Erforschung der Funktionen usw.

Okt. [1798]

[96] Wir haben begonnen, die höheren Formen zu durchdenken.

Braunschweig, 14. Febr. 1799

[97] Für die Parallaxe haben wir neue, genaue Formeln ermittelt.

Braunschweig, 8. Apr. [1799]

[98] Wir haben bis zur elften Stelle nachgewiesen, daß der Wert des arithmetisch-geometrischen Mittels zwischen 1 und $\sqrt{2} = {}^{\pi}/_{\bar{\omega}}$ ist; durch diesen Beweis wird uns ganz gewiß ein völlig neues Feld in der Analysis eröffnet werden.

Braunschweig, 30. Mai [1799]

[99] In den Grundlagen der Geometrie haben wir ausgezeichnete Fortschritte gemacht.

Braunschweig, Sept. [1799]

[100] Hinsichtlich der Werte des arithmetisch-geometrischen Mittels haben wir viel Neues entdeckt.

Braunschweig, Novemb. [1799]

[101] Medium arithmetico-geometricum tamquam quotientem duarum functionum transscendentium repraesentabile esse iam pridem inveneramus: nunc alteram harum functionum ad quantitates integrales reducibilem esse deteximus.

Helmst[adii, 1799] Dec. 14.

[102] Medium Arithmetico-Geometricum ipsum est quantitas integralis. Dem[onstratum].

[1799] Dec. 23.

[103] In theoria formarum trinariarum formas reductas assignare contigit.

1800 Febr. 13.

[104] Seriem

$$a \cos A + a' \cos(A + \varphi) + a'' \cos(A + 2\varphi) + \text{etc.}$$

ad limitem convergit, si a, a', a'' etc. constituunt progressionem sine mutatione signi ad 0 continuo convergentem. Demonstratum.

Brunov[ici, 1800] Apr. 27.

[105] Theoriam quantitatum transcendentium:

$$\int \frac{\mathrm{d}x}{\sqrt{(1 - \alpha xx)(1 - \beta xx)}}$$

ad summam universalitatem perduximus.

Brunov[ici, 1800] Mai. 6.

[101] Daß das arithmetisch-geometrische Mittel ebenfalls als Quotient zweier transzendenter Funktionen darstellbar ist, hatten wir schon früher gefunden; nun haben wir entdeckt, daß die zweite dieser Funktionen auf Integralgrößen rückführbar ist.

Helmstedt, 14. Dez. [1799]

[102] Das arithmetisch-geometrische Mittel selbst ist eine Integralgröße. Das ist bewiesen.

23. Dez. [1799]

[103] Es ist gelungen, in der Theorie der ternären Formen die reduzierten Formen zu bestimmen.

13. Febr. 1800

[104] Die Reihe

$$a \cos A + a' \cos(A + \varphi) + a'' \cos(A + 2\varphi) + \cdots$$

konvergiert gegen einen Grenzwert, wenn $a, a', a'', \cdots$ eine Progression bilden, die ohne Veränderung des Vorzeichens stetig 0 zustrebt. Das ist bewiesen.

Braunschweig, 27. Apr. [1800]

[105] Die Theorie der transzendenten Größen

$$\int \frac{\mathrm{d}x}{\sqrt{(1 - \alpha x^2)(1 - \beta x^2)}}$$

haben wir zur höchsten Allgemeinheit weiterentwickelt.

Braunschweig, 6. Mai [1800]

[106] Incrementum ingens huius theoriae Brunov. Mai. 22 invenire contigit, per quod simul omnia praecedentia nec non theoria mediorum arithmetico-geometricorum pulcherrime nectuntur infinitiesque augentur.

[Brunovici, 1800 Mai. 22.]

[107] Iisdem diebus circa (Mai. 16.) problema chronologicum de festo paschalis eleganter resolvimus.
(Promulgatum in Zachii Comm. liter. Aug. 1800, p. 121, 223.)

[1800 Mai. 16.]

[108] Numeratorem et denominatorem sinus lemniscatici (universalissime accepti) ad quantitates integrales reducere contigit; simul omnium functionum lemniscaticarum, quae excogitari possunt, evolutiones in series infinitas ex principiis genuinis haustae; inventum pulcherrimum sane nullique praecedentium inferius.
Praeterea iisdem diebus principia deteximus, secundum quae series arithmetico-geometricae interpolari debent, ita ut terminos in progressione data ad indicem quemcunque rationalem pertinentes per aequationes algebraicas exhibere iam in potestate sit.

[1800] Mai. ult. Iun. 2. 3.

[106] Es ist gelungen, in Braunschweig, am 22. Mai, einen bedeutenden Zusatz zu dieser Theorie zu finden, durch den zugleich alles Vorangegangene, nicht zuletzt die Theorie der arithmetisch-geometrischen Mittel, bestens verknüpft und unbegrenzt erweitert wird.

[Braunschweig, 22. Mai 1800]

[107] An ungefähr denselben Tagen (am 16. Mai) haben wir das chronologische Problem des Osterfestes auf elegante Weise gelöst.
(Veröffentlicht in den liter. Komm. von Zach, Aug. 1800, S. 121, 223).

[16. Mai 1800]

[108] Es ist gelungen, Zähler und Nenner eines (äußerst allgemein angesetzten) Sinus lemniscaticus auf Integralgrößen zurückzuführen; damit sind zugleich die Entwicklungen aller lemniskatischen Funktionen, die man sich nur denken kann, in unendliche Reihen aus natürlichen Grundlagen abgeleitet; eine wirklich wunderbare Entdeckung und keiner der vorangegangenen unterlegen.
Außerdem haben wir an denselben Tagen die Grundlagen entdeckt, nach denen die arithmetisch-geometrischen Reihen interpoliert werden müssen, so daß es nunmehr möglich ist, die Glieder, die in der gegebenen Progression zu einem beliebigen rationalen Exponenten gehören, durch algebraische Gleichungen zu erhalten.

Letzter Mai; 2., 3. Jun. [1800]

[109] Inter duos numeros datos semper dantur infinite multi termini medii tum arithmetico-geometrici tum harmonico-geometrici, quorum nexum mutuum ex asse perspiciendi felicitas nobis est facta.

[1800] Iunio 3. Brunov[ici]

[110] Theoriam nostram iam ad transcendentes ellipticas immediate applicavimus.

[1800] Iunio 5.

[111] Rectificatio Ellipseos tribus modis diversis absoluta.

[1800] Iun. 10.

[112] Calculum Numerico-Exponentialem omnino novum invenimus ...

[1800] Iun. 12.

[113] Problema e calculo probabilitatis circa fractiones continuas olim frustra tentatum solvimus.

[1800] Oct. 25.

[114] Nov. 30. Felix fuit dies, quo multitudinem classium formar[um] binar[iarum] per triplicem methodum assignare largitum est nobis, puta:
1) per prod[uctum] infin[itum],
2) per aggregatum infinitum,
3) per aggregatum finitum cotangentium seu logarithm[orum] sinuum.

Brun[ovici, 1800 Nov. 30.]

[109] Zwischen zwei gegebenen Zahlen gibt es immer unendlich viele Werte sowohl des arithmetisch-geometrischen als auch des harmonisch-geometrischen Mittels, deren wechselseitige Verbindung völlig zu erkennen uns das Glück vergönnt hat.

Braunschweig, 3. Juni [1800]

[110] Unsere Theorie haben wir nunmehr unmittelbar auf die elliptischen Transzendenten angewendet.

5. Juni [1800]

[111] Die Rektifikation der Ellipse ist auf drei verschiedene Weisen gelöst.

10. Juni [1800]

[112] Wir haben einen völlig neuen numerisch-exponentialen Rechenweg entdeckt.

12. Juni [1800]

[113] Das Problem aus der Wahrscheinlichkeitsrechnung hinsichtlich der Kettenbrüche, das einstmals vergeblich untersucht worden ist, haben wir gelöst.

25. Okt. [1800]

[114] 30. Nov. Ein glücklicher Tag ist der gewesen, an dem es uns geschenkt worden ist, die Anzahl der Klassen der binären Formen auf dreifachem Wege zu bestimmen. Nämlich:

1. mittels eines unendlichen Produktes,
2. mittels einer unendlichen Reihe,
3. mittels einer endlichen Reihe der Kotangenten oder der Logarithmen der Sinus.

Braunschweig, [30. Nov. 1800]

[115] Dec. 3. Methodum quartam ex omnibus simplicissimam deteximus pro det[erminantibus] negativis ex sola multit[udine] numeror[um] ϱ, ϱ' etc. petitam, si $Ax + \varrho$, $Ax + \varrho'$. etc. sunt formae lineares divisor[um] for[mae] $\square$ + D.

Ibid. [Brunovici, 1800 Dec. 3.]

[116] Impossibile esse, ut sectio circuli ad aequationes inferiores, quam theoria nostra suggerit, reducatur, demonstratum.

Brunov[ici, 1801] Apr. 6.

[117] Iisdem diebus Pascha Iudaeorum per methodum novam determinare docuimus.

[1801] (Apr. 1.)

[118] Methodus quinta theorema fundamentale demonstrandi se obtulit adiumento theorematis elegantissimi theoriae sectionis circuli, puta

$$\sum \left.\begin{matrix}\sin\\ \cos\end{matrix}\right\} \frac{nn}{a}P = \begin{array}{c|c|c|l} +\sqrt{a} & 0 & 0 & +\sqrt{a} \\ +\sqrt{a} & +\sqrt{a} & 0 & 0 \end{array}$$
$$\text{prout } a \equiv \quad 0 \qquad 1 \qquad 2 \qquad 3 \text{ (mod. 4)}$$

substituendo pro n omnes numeros a 0 usque ad $(a - 1)$.

Brunsv[igae, 1801] Mai. medio.

[119] Methodus nova simplicissima expeditissima elementa orbitarum corporum coelestium investigandi.

Brunsv[igae, 1801] Sept. m[edio]

[115] 3. Dez. Eine vierte und die von allen einfachste Methode für die negativen Determinanten, aus der alleinigen Menge der Zahlen ϱ, ϱ' usw. gewonnen, haben wir entdeckt, wenn $Ax + \varrho$, $Ax + \varrho'$, ... die linearen Formen der Teiler der Form □ + D sind.

Ebd. [Braunschweig, 3. Dez. 1800]

[116] Es ist bewiesen, daß die Teilung des Kreises unmöglich auf niederere Gleichungen, als unsere Theorie ergibt, zurückgeführt werden kann.

Braunschweig, 6. Apr. [1801]

[117] An diesen Tagen haben wir gelehrt, das Osterfest der Juden durch eine neue Methode zu bestimmen.

1. Apr. [1801]

[118] Eine fünfte Methode, den Fundamentallehrsatz zu beweisen, hat sich mit Hilfe eines sehr eleganten Lehrsatzes aus der Theorie der Kreisteilung angeboten; nämlich

$$\sum \left.\begin{matrix}\sin\\ \cos\end{matrix}\right\} \frac{n^2}{a}P = \begin{array}{c|c|c|c} +\sqrt{a} & 0 & 0 & +\sqrt{a} \\ +\sqrt{a} & +\sqrt{a} & 0 & 0 \end{array}$$
$$\text{wobei } a \equiv \quad 0 \quad 1 \quad 2 \quad 3 \pmod 4$$

ist [und] für n alle Zahlen von 0 bis $a-1$ eingesetzt werden.

Braunschweig, Mitte Mai [1801]

[119] Eine neue, ganz einfache und sehr bequeme Methode zur Erforschung der Elemente der Bahnbewegungen der Himmelskörper.

Braunschweig, Mitte Sept. [1801]

[120] Theoriam motus Lunae aggressi sumus.

[1801] Aug

[121] Formulas permultas novas in Astronomia Theorica utilissimas eruimus.

1801 Mense Octobr.

[122] Annis insequentibus 1802. 1803. 1804 occupationes astronomicae maximam otii partem abstulerunt, calculi imprimis circa planetarum novorum theoriam instituti. Unde evenit, quod hisce annis catalogus hicce neglectus est. Dies itaque, quibus aliquid ad matheseos incrementa conferre datum est, memoriae exciderunt.

[123] Demonstratio theorematis venustissimi supra 1801 Mai. commemorati, quam per 4 annos et ultra omni contentione quaesiveramus, tandem perfecimus. Comment[ationes] rec[entiores], I.

1805 Aug. 30.

[124] Theoriam interpolationis ulterius excoluimus.

1805 Novbr.

[125] Methodum ex duobus locis heliocentricis corporis circa solem moventis eiusdem elementa determinandi novam perfectissimam deteximus.

1806 Ianuar.

[120] Eine Theorie über die Bewegung des Mondes haben wir in Angriff genommen.

Aug. [1801]

[121] Wir haben sehr viele neue, für die theoretische Astronomie äußerst nützliche Formeln herausgefunden.

Oktober 1801

[122] In den folgenden Jahren 1802, 1803, 1804 haben die astronomischen Beschäftigungen einen sehr großen Teil der Freizeit in Anspruch genommen, vor allem die angestellten Berechnungen in bezug auf die Theorie der neuen Planeten. So ist es dazu gekommen, daß dieses Tagebuch in diesen Jahren vernachlässigt worden ist. Und daher sind auch die Tage, an denen es gelungen ist, irgend etwas zur Förderung der Mathematik beizutragen, dem Gedächtnis entfallen.

[123] Die Beweisführung des sehr schönen Lehrsatzes, oben Mai 1801 erwähnt, die wir vier Jahre lang und darüber hinaus mit aller Anstrengung gesucht hatten, haben wir endlich vollendet. Commentationes recentiores, I.

30. Aug. 1805

[124] Die Theorie der Interpolation haben wir weiterhin verfeinert.

Novembr. 1805

[125] Eine neue, sehr vollendete Methode, ausgehend von zwei heliozentrischen Örtern die Elemente eines sich um die Sonne herumbewegenden Körpers zu bestimmen, haben wir entdeckt.

Januar 1806

[126] Methodum e tribus planetae locis geocentricis eius orbitam determinandi ad summum perfectionis gradum eveximus.

1806 Mai.

[127] Methodus nova ellipsin et hyperbolam ad parabolam reducendi.

1806 April.

[128] Eodem circiter tempore resolutionem functionis $x^p-1/x-1$ in factores quatuor absolvimus.

[1806 April.–Mai.]

[129] Methodus nova e quatuor planetae locis geocentricis, quorum duo extremi sunt incompleti, eius orbitam determinandi.

1807 Ian. 21.

[130] Theoria Residuorum cubicorum et biquadraticorum incepta

1807 Febr. 15.

[131] ulterius exculta et completa reddita Febr. 17. Demonstratione adhuc eget.

[1807 Febr. 17.]

[132] Demonstratio huius theoriae per methodum elegantissimam inventa ita ut penitus perfecta sit nihilque amplius desideretur. Hinc simul residua et non residua quadratica egregie illustrantur.

1807 Febr. 22.

[126] Eine Methode, aus drei geozentrischen Örtern eines Planeten dessen Bahn zu bestimmen, haben wir zum höchsten Grade der Vollendung geführt.

Mai 1806

[127] Eine neue Methode des Zurückführens einer Ellipse und einer Hyperbel auf eine Parabel.

April 1806

[128] Ungefähr zur selben Zeit haben wir die Zerlegung der Funktion ${}^{x^p-1}/_{x-1}$ in vier Faktoren abgeschlossen.

[April–Mai 1806]

[129] Eine neue Methode zur Bestimmung der Bahn eines Planeten aus vier geozentrischen Örtern, von denen die zwei letzten unvollständig sind.

21. Jan. 1807

[130] Die Theorie über die kubischen und biquadratischen Reste ist begonnen worden.

15. Febr. 1807

[131] Das Dargelegte am 17. Febr. weiter verfeinert und vollendet. An der Beweisführung fehlt es bis jetzt noch.

17. Febr. 1807

[132] Der Beweis dieser Theorie ist nun durch eine sehr elegante Methode so gefunden, daß sie ganz und gar vollendet ist und nichts weiter zu wünschen übrigbleibt. Und somit werden gleichzeitig die quadratischen Reste und die Nichtreste hervorragend erklärt.

22. Febr. 1807

[133] Theoremata, quae theoriae praecedenti incrementa maximi pretii adiungunt, demonstratione eleganti munita (scilicet pro quibusnam radicibus primitivis statuere oporteat ipsum b positivum pro quibusque negativum,

$$aa + 27bb = 4p; \quad aa + 4bb = p$$

).

[1807] Febr. 24.

[134] Demonstrationem omnino nova[m] theorematis fundamentalis principiis omnino elementaribus innixam deteximus.

[1807] Maii 6.

[135] Theoria divisionis in periodos tres (art. 358) ad principia longe simpliciora reducta.

1808 Maii 10.

[136] Aequationem

$$X - 1 = 0,$$

quae continet omnes radices primitivas aequationis

$$x^n - 1 = 0,$$

in factores cum coefficientibus rationalibus discerpi non posse, demonstr[atum] pro valoribus compositis ipsius n.

1808 Iun. 12.

[133] Die Lehrsätze, die der vorangegangenen Theorie Fortbildungen von höchster Bedeutung hinzufügen, sind durch elegante Beweisführung gesichert (nämlich für welche primitive Wurzeln b selbst als positv und für welche als negativ angesetzt werden muß,

$$a^2 + 27b^2 = 4p; \quad a^2 + 4b^2 = p$$

).

24. Febr. [1807]

[134] Einen völlig neuen Beweis des Fundamentallehrsatzes, der auf ganz und gar elementare Grundlagen gestützt ist, haben wir entdeckt.

6. Mai [1807]

[135] Die Theorie der Teilung in 3 Perioden (art. 358) ist auf weit einfachere Grundlagen zurückgeführt worden.

10. Mai. 1808

[136] Daß die Gleichung

$$X - 1 = 0,$$

die alle primitiven Wurzeln der Gleichung

$$x^n - 1 = 0$$

enthält, nicht in Faktoren mit rationalen Koeffizienten zerlegt werden kann, ist bei zusammengesetzten Werten von n selbst bewiesen.

12. Jun. 1808

[137] Theoriam formarum cubicarum, solutionem aequ[ationis]

$$x^3 + ny^3 + nnz^3 - 3nxyz = 1$$

aggressus sum.

[1808] Dec. 23.

[138] Theorema de residuo cubico 3 per methodum specialem elegantem demonstratum per considerat[iones] valorum $x+1/x$, ubi terni semper habent $a, a\varepsilon, a\varepsilon\varepsilon$ exceptis duobus, qui dant ε, $\varepsilon\varepsilon$ hi vero sunt

$$\frac{1}{\varepsilon - 1} = \frac{\varepsilon\varepsilon - 1}{3}, \quad \frac{1}{\varepsilon\varepsilon - 1} = \frac{\varepsilon - 1}{3}$$

adeoque productum $\equiv \frac{1}{3}$

1809 Ian. 6.

[139] Series ad Media arithmetico-geometrica pertinentes fusius evolutae.

1809 Iun. 20.

[140] Quinquesectionem pro mediis arithm[etico-] Geom[etricis] absol[vimus].

1809 Iun. 29.

[137] Die Theorie der kubischen Formen, die Lösung der Gleichung

$$x^3 + ny^3 + n^2z^3 - 3nxyz = 1 \,,$$

habe ich in Angriff genommen.

23. Dez. [1808]

[138] Der Lehrsatz über den kubischen Rest [–Charakter von] 3 ist durch eine spezielle, elegante Methode bewiesen, und zwar durch Betrachtungen der Werte $x+1/x$, wobei je drei immer [die Werte] $a, a\varepsilon, a\varepsilon^2$ haben, ausgenommen die zwei, die $\varepsilon, \varepsilon^2$ geben, und diese aber sind

$$\frac{1}{\varepsilon - 1} = \frac{\varepsilon^2 - 1}{3}, \quad \frac{1}{\varepsilon^2 - 1} = \frac{\varepsilon - 1}{3}$$

und somit das Produkt $\equiv 1/3$.

6. Jan. 1809

[139] Die Reihen, die das arithmetisch-geometrische Mittel betreffen, sind weiterentwickelt worden.

20. Jun. 1809

[140] Die Fünfteilung für die arithmetisch-geometrischen Mittel haben wir gelöst.

29. Jun. 1809

[141] Catalogum praecedentem per fata iniqua iterum interruptum initio anni 1812 resumimus. In mense Nov. 1811 contigerat demonstrationem theorematis fundamentalis in doctrina aequationum pure analyticam completam reddere; sed quum nihil chartis servatum fuerit, pars quaedam essentialis memoriae penitus exciderat. Hanc per satis longum temporis intervallum frustra quaesitam tandem feliciter redinvenimus.

1812 Febr. 29.

[142] Theoriam Attractionis Sphaeroidis Elliptici in puncta extra solidum sita prorsus novam invenimus.

Seeberg[ae], 1812 Sept. 26.

[143] Etiam partes reliquas eiusdem theoriae per methodum novam mirae simplicitatis absolvimus.

1812 Oct. 15. Gott[ingae]

[144] Fundamentum theoriae residuorum biquadraticorum generalis, per septem propemodum annos summa contentione sed semper frustra quaesitum tandem feliciter deteximus eodem die quo filius nobis natus est.

1813 Oct. 23. Gott[ingae]

[145] Subtilissimum hoc est omnium eorum quae umquam perfecimus. Vix itaque operae pretium est, his intermiscere mentionem quarumdam simplificationum ad calculum orbitarum parabolicarum pertinentium.

[141] Das vorangegangene Verzeichnis, das durch die Ungunst der Zeiten erneut unterbrochen worden ist, nehmen wir am Anfang des Jahres 1812 wieder auf. Im Nov. 1811 war es geglückt, einen rein analytischen Beweis des Fundamentallehrsatzes in der Lehre der Gleichungen zu vervollkommnen; aber da nichts auf Papier aufbewahrt gewesen ist, war ein wesentlicher Teil ganz und gar dem Gedächtnis entfallen. Diesen haben wir, nachdem er recht lange Zeit vergeblich gesucht worden ist, endlich glücklich wiedergefunden.

29. Febr. 1812

[142] Wir haben eine ganz und gar neue Theorie der Anziehung der elliptischen Sphäroide auf außerhalb des Körpers gelegene Punkte entdeckt.

Seeberg, 26. Sept. 1812

[143] Auch die übrigen Teile derselben Theorie haben wir durch eine neue Methode von wunderbarer Einfachheit vollendet.

Göttingen, 15. Okt. 1812

[144] Die Grundlage einer allgemeinen Theorie der biquadratischen Reste, die fast sieben Jahre lang mit größter Anstrengung, aber immer vergeblich gesucht worden war, haben wir endlich glücklich am selben Tage entdeckt, an dem uns ein Sohn geboren worden ist.

Göttingen, 23. Okt. 1813

[145] Das ist das Scharfsinnigste von allen Dingen, die wir jemals vollendet haben. Es ist daher kaum der Mühe wert, hier noch die Erwähnung gewisser Vereinfachungen, die die Berechnung parabolischer Bahnen betreffen, einzufügen.

[146] Observatio per inductionem facta gravissima theoriam residuorum biquadraticorum cum functionibus lemniscaticis elegantissime nectens. Puta si $a+bi$ est numerus primus, $a-1+bi$ per $2+2i$ divisibilis, multitudo omnium solutionum congruentiae

$$1 = xx + yy + xxyy \text{ (mod. } a + bi) \,,$$

inclusis

$$x = \infty, y = \pm i \,; \quad x = \pm i, y = \infty \,,$$

fit

$$= (a-1)^2 + bb$$

1814 Iul. 9.

[146] Eine sehr wichtige Beobachtung, auf induktivem Wege gewonnen, die sehr elegant die Theorie der biquadratischen Reste mit den lemniskatischen Funktionen verknüpft. Nämlich, wenn $a+bi$ Primzahl ist, [und] $a-1+bi$ durch $2+2i$ teilbar, wird die Anzahl aller Lösungen der Kongruenz

$$1 \equiv x^2 + y^2 + x^2y^2 \pmod{a+bi},$$

einschließlich

$$x = \infty,\ y = \pm i\,; \quad x = \pm i,\ y = \infty\,,$$

sein

$$= (a-1)^2 + b^2$$

9. Jul. 1814

Anmerkungen zum Tagebuch

Wußing, H.   Neumann, O.

Die den Gaußschen Eintragungen beigegebenen Erläuterungen sind äußerst knapp gehalten. Sie verfolgen in der Hauptsache den doppelten Zweck, erstens den Benutzer dieser Ausgabe des Gaußschen Notizenjournals über den Problemkreis zu informieren, dem die Notiz angehört, und ihn zweitens auf vorliegende ausführliche Kommentare hinzuweisen. Insbesondere handelt es sich um den Kommentar von F. Klein, den umfangreichen Kommentar von L. Schlesinger, F. Klein und anderen und die Kommentare weiterer Autoren zu einzelnen Notizen. Auf sie sei prinzipiell hingewiesen; in einigen Fällen wird explizit auf sie verwiesen, wenn dort besonders wertvolle und weiterführende Informationen zum Verständnis der Gaußschen Notizen enthalten sind.

Vorliegende ausführliche Kommentare

Die ausfürlichen Kommentare werden im Weiteren folgendermaßen zitiert:

[K 1] Gauss' wissenschaftliches Tagebuch 1796–1814. Mit Anmerkungen herausgegeben von Felix Klein. In: Festschrift zur Feier des hundertfünfzigjährigen Bestehens der Königlichen Gesellschaft der Wissenschaften zu Göttingen. Berlin: J. Springer 1901. S. 1–44.

[K 2] Abdruck des [Gaußschen] Tagebuchs (Notizenjournals) mit Erläuterungen von L. Schlesinger, F. Klein, P. Bachmann, P. Stäckel, A. Loewy, R. Dedekind, M. Brendel, A. Galle. In: Carl Friedrich Gauss, Werke, Band X/1, Leipzig: Teubner 1917, S. 483–574.

[K 3] Wertvolle zusätzliche Informationen wird der Leser auch finden in dem von H. Reichardt herausgegebenen Gauß-Gedenkband, Leipzig: Teubner 1957, insbesondere in dem Teil „Daten aus dem Leben und Wirken von Carl Friedrich Gauß“ von H. Salié, wo wichtige Tagebuchnotizen auf dem Hintergrunde seines privaten Lebens, seiner wissenschaftlichen Laufbahn und seiner Publikationen erläutert werden.

[K 4] Carl Friedrich Gauß. Sbornik statej. Pod redakciej akad. I. M. Vinogradova. Moskva 1956.

[K 5] Festakt und Tagung aus Anlaß des 200. Geburtstages von Carl Friedrich Gauß. Hrsg. v. H. Sachs im Auftrage der Gauß-Komitees bei der Akad. d. Wiss. d. DDR. Abhandl. Akad. Wiss. DDR, Abt. Mathematik, Naturwiss., Technik. 1978, Nr. 3 N. In diesem Sammelband bezieht sich speziell auf das Tagebuch: O. Neumann: Über einige Tagebuchnotizen von C. F. Gauß (Zur Entstehung der Kreisteilungstheorie), S. 141–150.

[K 6] Die Übersetzungen und die Anmerkungen in der vorliegenden Ausgabe wurden verglichen mit:
1) P. Eymard et J.-P. Lafon: Le journal mathématique de Gauß. Traduction française annotée. Revue d'histoire des sciences et de leurs applications 9 (1956) 21–51; 2) J. J. Gray: A commentary on Gauss's mathematical diary, 1796–1814, with an English Translation. Expos. Math. 2 (1984), 97–130. Reprint in: G. Waldo Dunnington: Carl Friedrich Gauß. Titan of Science. With additional material by Jeremy Gray and Fritz-Egbert Dohse. Revised edition. Washington, DC: Mathematical Association of America, 2004. S. 449–505.

[K 7] Auskunft über einige dem Tagebuch beigelegte Notizblätter von Gauß gibt: Kurt-R. Biermann: Aus unveröffentlichten Aufzeichnungen des jungen Gauß (zum 200. Geburtstag von C. F. Gauß). Wiss. Zeitschr. TH Ilmenau 23: 4 (1977) 7–24; ders.: Verrätselte Zahlenwelt. Entschlüsselung kodierter Notizen des jungen Gauß. Kul-

tur & Technik 4/1991, 54–57.
Den biographischen und wissenschaftshistorischen Hintergrund der Tagebuch-Notizen, die sich auf Astronomie und Osterrechnung beziehen, beleuchten die Originalarbeiten: Kurt-R. Biermann: Wie Gauß zum Astronomen wurde. Die Sterne 53: 3 (1977) 146–150; H.-J. Felber: Die beiden Ausnahmebestimmungen in der von C. F. Gauß aufgestellten Osterformel. Die Sterne 53: 1 (1977) 22–34; H. Lichtenberg: Zur Berichtigung der Gaußschen Osterformel. Die Sterne 72: 1 (1996), 29–32.

[K 8] Eine Erläuterung zur ersten Tagebuch-Notiz gibt Karin Reich: Gauß' Übersicht über die Gründe der Constructibilität des Siebenzehnecks (1801). Mitteilungen der Gauss-Gesellschaft Nr. 40 (2003), S. 85–91. Es handelt sich um den Orginaltext von Gauß, wie er am 21. Juni 1801 vor der Petersburger Akademie verlesen wurde.
Neue Recherchen zur frühen Rezeption der Siebzehneck-Konstruktion von Gauß findet der Leser bei Karin Reich: Die Entdeckung und frühe Rezeption der Konstruierbarkeit des regelmäßigen 17-Ecks und dessen geometrische Konstruktion durch Johannes Erchinger (1825), veröffentlicht in Rüdiger Thiele (Hrsg.): Mathesis. Festschrift zum siebzigsten Geburtstag von Matthias Schramm. Berlin, Diepholz 2000, S. 101–118. In diesem Artikel wird insbesondere Leben und Leistung des Johannes Erchinger (1788–1829) klar beleuchtet.

[K 9] Die in der Notiz Nr. 113 angedeutete wahrscheinlichkeitstheoretische Vermutung wurde zuerst bewiesen von: R. O. Kuz'min: Ob odnoj zadače Gaussa. Dokl. Akad. Nauk SSSR. N. Ser. 1928, 375–380; ders.: Sur une problème de Gauss. Atti Congr. Intern. Bologna 6 (1928) 83–89; P. Lévy: Sur les lois de probabilité dont dépendent les quotients complets et incomplets d'une fraction continue.

Bull. soc. math. France 57 (1929) 178–194.
Vgl. dazu: [K 3; Gnedenko] = [K 4; Gnedenko]; A. Khintchine: Kettenbrüche. Leipzig: Teubner 1956.

[K 10] Der Inhalt der letzten Tagebuch-Notiz (Nr. 146) folgt nach A. Weil aus bestimmten von Gauß selbst publizierten Überlegungen. Siehe A. Weil: Numbers of solutions of equations in finite fields. Bull. Amer. Math. Soc. 55 (1949) 497–508. Vgl. dazu [K 3; Rieger], insbes. S. 72f.
Der erste allgemein anerkannte Beweis der Gaußschen Behauptungen stammt von: G. Herglotz: Zur letzten Eintragung im Gaußschen Tagebuch. Berichte über die Verhandl. d. Sächs. Akad. d. Wiss. Math.-phys. Kl. 73 (1921) 271–276.
Ein weiterer (vereinfachter) Beweis bei: S. Chowla: The last entry in Gauss's diary. Proc. Nat. Acad. Sci. USA 35 (1949) 244–246.
Lehrbuchmäßige Darstellung eines Beweises: H. Hasse: Vorlesungen über Zahlentheorie. 2., neubearbeitete Aufl. Berlin/Heidelberg/New York: Springer-Verlag 1964.
Weitere Kommentare bei A. Weil: Two lectures on number theory, past and present. Enseignement Mathématique 20 (1974), 87–110, in Oeûvres scientefiques, III, 279–303, Springer Verlag, New York etc.

[K 11] Zusätzliche wertvolle Information über das arithmetisch-geometrische Mittel, eines der zentralen Themen des Tagebuchs, geben: H. Geppert: Zur Theorie des arithmetisch-geometrischen Mittels. Math. Annalen 99 (1928) 162–180; ders.: Die Uniformisierung des arithmetisch-geometrischen Mittels. Jahresber. Dtsch. Math. Ver. 38 (1929) 73–82; ders.: Wie Gauß zur elliptischen Modulfunktion kam. Deutsche Mathematik 5 (1940) 158–175; L. v. Dávid: Arithmetisch-geometrisches Mittel und Modulfunktion. J. f. reine u. angew. Math. 159 (1928) 154–170; A. Hurwitz/R. Courant: Funktionentheorie. 4. Aufl. Berlin/Göttingen/Heidelberg/New York: Springer-Verlag 1964. Insbesondere 2. Teil, Kap. 7, § 6; D. A. Cox: The Arithmetico-Geometric Mean of Gauss. L'Enseign. Mathèm. 30 (1984), 275–330 ; D. M. E. Foster/G. M. Phillips: The Arithmetico-Harmonic Mean. Math. of Comp. 42 (1984), No. 165, 183–192. Die Beiträge von Gauß zur Funktionentheorie sind auch dargestellt von Ch. Houzel: Elliptische Funktionen und Abelsche Integrale, in: J. Dieudonné (Hrsg.): Geschichte der Mathematik 1700–1900, Braunschweig/Wiesbaden: Vieweg 1985, S. 422–540.

[K 12] Eine Zusammenstellung aller „elementaren" Beweise des quadratischen Reziprozitätsgesetzes gibt: H. Pieper: Variationen über ein zahlentheoretisches Thema von C. F. Gauß. Berlin: VEB Deutscher Verlag der Wissenschaften 1978. Dem quadratischen und den höheren Reziprozitätsgesetzen ist die folgende Monografie gewidmet: F. Lemmermeyer: Reciprocity Laws. From Euler to Eisenstein, Berlin/Heidelberg: Springer-Verlag 2000.

[K 13] Die algebraisch-zahlentheoretischen Hauptschriften von Gauß, insbesondere seine „Disquisitiones Arithmeticae" und seine „Analysis residuorum" (aus dem Nachlaß), die mit zahlreichen Tagebuchnotizen in engster Verbindung stehen, liegen in deutschsprachiger Übersetzung vor: Untersuchungen über höhere Arithmetik von C. F. Gauß. Deutsch hrsg. v. H. Maser. Leipzig 1889. Reprint Bronx, New York: Chelsea 1965.

[K 14] Im Teilnachlaß von P. G. Lejeune Dirichlet (1805–1859) im Archiv der Berlin-Brandenburgischen Akademie der Wissenschaften (Berlin) befindet sich ein zahlentheoretisches Manuskript-Fragment Gauß' aus dessen erster Göttinger Periode. Siehe dazu: U. Merzbach: An Early Version of Gauss's Disquisitiones Arithmeticae, in:

Mathematical Perspectives. Essays on Mathematics and Its Historical Development (Biermann-Festschrift). Ed. by Jos. W. Dauben. New York/San Francisco/London; Academic Press 1981. S. 167–177.

[K 15] Ausführliche Kommentare zum Material derjenigen Tagebuchnotizen, die sich auf arithmetische Anwendungen der Kreisteilungstheorie sowie kubische und biquadratische Reste beziehen, und weiterführende Bibliographien findet der Leser in den Arbeiten von A. Weil: La cyclotomie jadis et naguère. Sém. Bourbaki, 26e année (1973/74), juin 1974, exp. 542, 21 pag. = L'Enseignement math. 20 (1974) 247–263; von O. Neumann: Zur Genesis der algebraischen Zahlentheorie. NTM 17 (1980) 1, 32–48, u. 2, 38–58. Eine lehrbuchmäßige Darstellung dieses Themenkreises mit sorgfältigen historischen Kommentaren findet der Leser bei K. Ireland/M. Rosen: A Classical Introduction to Modern Number Theory, 2nd edition, New York etc.: Springer-Verlag 1993. Eine ältere lückenlose Darstellung der Gaußschen Summen (!) ist enthalten in H. Weber: Lehrbuch der Algebra, Bd. 1, Braunschweig: Vieweg 1895, Reprints Braunschweig: Vieweg 1961, New York: Chelsea 1979. Diese Darstellung folgt sehr eng den Quellen, insbesondere den Abhandlungen von Gauß.

Kurze Bibliographie der Kommentatoren

Es ist uns eine historische Ehrenpflicht, an dieser Stelle jene Mathematiker kurz vorzustellen, die in mühsamer Kleinarbeit die vorliegenden ausführlichen Kommentare geschaffen und sich überdies mit zusammenhängenden Beiträgen zu verschiedenen Seiten im Schaffen von

Gauß verdient gemacht haben. Beigegeben sind daher einige weitere ausgewählte Literaturangaben, die den Zugang zu Informationsquellen erschließen. Auf eine weiterreichende Bibliographie an dieser Stelle mußte indes verzichtet werden.

Bachmann, Paul Gustav Heinrich; geb. 22. Juni 1837 Berlin, gest. 31. März 1920 Weimar.
Professor der Mathematik in Breslau (heute Wrocław, Polen) und Münster, seit 1890 als Privatgelehrter in Weimar. „Über Gauß' zahlentheoretische Arbeiten“, in: Gauß, Werke, Bd. X/2, Göttingen/Berlin: J. Springer 1922–1933. „Die Lehre von der Kreistheilung und ihre Beziehungen zur Zahlentheorie“, Leipzig: Teubner 1872.

Bolza, Oskar; geb. 12. Mai 1857 Bergzabern/Rheinpfalz, gest. 5. Juli 1942 Freiburg/Br.
Seit 1910 Professor der Mathematik an der Univ. Freiburg/Br. „Gauß und die Variationsrechnung“, in: Gauß, Werke, Bd. X/2, Göttingen/Berlin: J. Springer 1922–1933. Abhandl. 5. 95 S.

Brendel, Otto Rudolf Martin; geb. 12. August 1862 Berlin, gest. 6. September 1939 Freiburg/Br.
Professor der Astronomie und angewandten Mathematik in Göttingen und Frankfurt (Main). „Über die astronomischen Arbeiten von Gauß“, in: Gauß, Werke, Bd. XI/2, Göttingen/Berlin: J. Springer 1929.

Dedekind, Richard; geb. 6. Oktober 1831 Braunschweig, gest. 12. Februar 1916 Braunschweig.
Promotion 1852 bei Gauß; Professor in Zürich (1858) und seit 1862 in Braunschweig. „Noten zum Nachlaß von Gauß“ in: Gauß, Werke, Bd. II, Göttingen 1863. „Gauß in seiner Vorlesung über die Methode der kleinsten Quadrate“, in: Festschrift zur Feier des 150jährigen Bestehens Ges.

Wiss. Göttingen, Berlin 1901. „Über die Anzahl der Idealklassen in reinen kubischen Zahlkörpern“, J. f. reine u. angew. Math. 121 (1900) 40–123 = Ges. math. Werke, Bd. 2, Braunschweig: Vieweg 1931, 148–233 (insbes. §§ 7, 11 mit ausführl. Kommentaren zum Gaußschen Nachlaß über kub. Reste).

FRAENKEL, ABRAHAM (ADOLF); geb. 17. Februar 1891 München, gest. 15. Oktober 1965 Jerusalem.
1928–33 Professor der Mathematik an der Univ. Kiel; seit 1929 Hebräische Univ. Jerusalem. „Die Berechnung des Osterfestes“, J. f. reine u. angew. Math. 138 (1910) 133–146. „Zahlbegriff und Algebra bei Gauß“, mit einem Anhang v. A. Ostrowski (s. unten) = Materialien f. e. wiss. Biographie v. C. F. Gauß. Gesamm. v. F. Klein, M. Brendel und L. Schlesinger. Heft VIII. Leipzig 1920. 59 S. „Der Zusammenhang zwischen dem ersten und dem dritten Gaußschen Beweis des Fundamentalsatzes der Algebra“, Jahresber. Dtsch. Math. Ver. 31 (1922) 234–238.

GALLE, ANDREAS WILHELM GOTTFRIED; geb. 22. Juni 1858 Breslau, gest. 8. Mai 1943 Potsdam.
Seit 1902 Professor und seit 1911 Abteilungsvorsteher am Geodätischen Institut Potsdam. „Über die geodätischen Arbeiten von Gauß“, in: Gauß, Werke, Bd. XI/2, Göttingen/Berlin: J. Springer 1924. „C. F. Gauß als Zahlenrechner“, Leipzig 1918.

GEPPERT, HARALD; geb. 22. März 1902 Breslau (heute Wrocław, Polen), gest. 4. Mai 1945 Berlin.
Professor in Gießen und an der TU Berlin. Übersetzung und Edition von C. F. Gauß: Bestimmung der Anziehung eines elliptischen Ringes.
Nachlaß zur Theorie des arithmetisch-geometrischen Mittels und der Modulfunktion. Ostwalds Klassiker der exak-

ten Wissenschaften, Nr. 225, Leipzig 1927. „Über Gauß' Arbeiten zur Mechanik und Potentialtheorie", in: Gauß, Werke, Bd. X/2, Göttingen/Berlin: J. Springer 1922–1933. Siehe auch [K 11].

Herglotz, Gustav; geb. 2. November 1881 Wallern/Volary (ČR), gest. 22. März 1953 Göttingen.
Professor der Mathematik in Göttingen (1907), danach in Wien (1908), Leipzig (1909) und Göttingen (1925/50).

Klein, Felix; geb. 25. April 1849 Düsseldorf, gest. 22. Juni 1925 Göttingen.
Professor der Mathematik in Erlangen (1872), München (1875), Leipzig (1880) und Göttingen (seit 1886). Leitung der Gesamtausgabe von Gauß' Werken, seit 1887. Fortlaufend: „Bericht über den Stand der Herausgabe von Gauß' Werken", Mathematische Annalen 51, 53, 55, 57, 61, 63, 69, 71, 74, 77, 78, 80, 85. Vgl. auch seine „Vorlesungen über die Entwicklung der Mathematik im 19. Jahrhundert", Bd. 1, Berlin 1926; Bd. 2, Berlin 1927. Reprint New York 1950.

Loewy, Alfred; geb. 20. Juni 1873 Rawitsch (heute Rawicz, Polen), gest. 25. Januar 1935 Freiburg/Br.
Seit 1919 Professor der Mathematik in Freiburg. „Eine algebraische Behauptung von Gauß", Jahresber. Dtsch. Math. Ver. 26 (1918) 100–109 und 30 (1921) 155–158. „Ein Ansatz von Gauß zur jüdischen Chronologie aus seinem Nachlaß", Jahresber. Dtsch. Math. Ver. 26 (1918) 304–322; „Inwieweit kann Vandermonde als Vorgänger von Gauß bezüglich der algebraischen Auflösung der Kreisteilungsgleichungen $x^n = 1$ angesehen werden?", Jahresber. Dtsch. Math. Ver. 27 (1918) 189–195.

Maennchen, Philipp; geb. 11. Oktober 1869 Hohen-Sülzen, gest. 6. September 1945 Gießen.

Seit 1920 Professor der Mathematik an der Univ. Gießen. „Die Wechselwirkung zwischen Zahlenrechnen und Zahlentheorie bei C. F. Gauß“ = Materialien f. e. wiss. Biographie v. C. F. Gauß. Gesamm. v. F. Klein, M. Brendel und L. Schlesinger. Heft VI. Leipzig 1918. 47 S. In erweiterter Form als: „Gauß als Zahlenrechner“, in: Gauß, Werke, Bd. X/2. Göttingen/Berlin: J. Springer 1922–1933. Abhandl. 6. 76 S. „Zur Lösung eines rätselhaften Gaußschen Anagramms“, Unterrichtsblätter für Math. u. Naturwiss. 40 (1934) 104–106.

Ostrowski, Alexander Markowitsch; geb. 25. September 1893 Kiew, gest. 20. November 1986 Certenago – Montagnola (bei Lugano).
Seit 1927 Professor der Mathematik an der Univ. Basel. „Zum ersten und vierten Gaußschen Beweise des Fundamentalsatzes der Algebra“ als Anhang (9 S.) von A. Fraenkel: „Zahlbegriff und Algebra bei Gauß“ (s. oben). In erweiterter Form unter dem gleichen Titel in: Gauß, Werke, Bd. X/2, Göttingen/Berlin: J. Springer 1922–1933. Abhandl. 3. 18 S.

Schaefer, Clemens; geb. 24. März 1878 Remscheid/Rheinland, gest. 9. Juli 1968 Köln.
1926–1945 Professor der Physik an der Univ. Breslau; 1945–1950 Professor der Experimentalphysik an der Univ. Köln. „Über Gauß’ physikalische Arbeiten (Magnetismus, Elektrodynamik, Optik)“, in: Gauß, Werke, Bd. XI/2, Göttingen/Berlin 1929. Abhandl. 2. 217 S. Herausgeber des Briefwechsels C. F. Gauß – Chr. L. Gerling, Berlin 1927.

Schlesinger, Ludwig; geb. 1. November 1864 Tyrnau/Nagystombat (Ungarn), gest. 16. Dezember 1933 Gießen.
Professor der Mathematik in Bonn, Ofen/Pest und 1911–1930 in Gießen. Herausgeber von Gauß, Werke, Bd. X/1

(mit Brendel, Stäckel, Bachmann), Bd. XI/1 (mit Brendel), Bd. XI/2 (mit Brendel), Bd. XII (mit Brendel). „Über Gauß' Arbeiten zur Funktionentheorie", in: Gauß, Werke, Bd. X/2, Berlin: J. Springer 1933. „Gauß' Jugendarbeiten zum arithmetisch-geometrischen Mittel", Jahresber. Dtsch. Math. Ver. 20 (1911) 396–403.

Stäckel, Paul Gustav; geb. 20. August 1862 Berlin, gest. 12. Dezember 1919 Heidelberg.
Professor der Mathematik in Königsberg (heute Kaliningrad, Rußland), Kiel, Karlsruhe und seit 1913 in Heidelberg. Herausgeber von Gauß, Werke, Bd. VIII. „Gauß als Geometer", in: Gauß, Werke, Bd. X/2, Göttingen 1922–1933. „Gauß, die beiden Bolyai und die nichteuklidische Geometrie" (mit F. Engel), Math. Annalen 49 (1897). „Die Theorie der Parallellinien von Euklid bis auf Gauß" (mit F. Engel), Leipzig 1895. „Briefwechsel zwischen C. F. Gauß und Wolfgang Bolyai", mit Unterstützung der Ungar. Akad. Wiss. herausgegeben von F. Schmidt und P. Stäckel, Halle/S. 1899.

Erläuterungen der Notizen

Die nachstehenden Anmerkungen werden in der Reihenfolge der Notizen und gemäß der oben gewählten Numerierung gemacht.
Wir benutzen die heute üblichen Symbole **Z** (Ring der ganzrationalen Zahlen), **Q** (Körper der rationalen Zahlen), **C** (Körper der komplexen Zahlen). Die Abkürzungen „D. A.“ und „A. R.“ stehen für Gauß' „Disquisitiones Arithmeticae“ und „Analysis residuorum “(vgl. dazu [K 13]).

[1] Grundsätze, auf die sich die Teilung des Kreises stützt, und dessen geometrische Zerlegung in siebzehn Teile usw.

Braunschweig, 30. März [1796]

[2] Es ist durch Beweis gesichert, daß quadratische Reste der Primzahlen nicht alle Zahlen, die unter ihnen selbst liegen, sein können.

Ebd. [Braunschweig], 8. April [1796]

[3] Die Formeln für die Cosinus der Vielfachen der Teilungswinkel einer Peripherie gestatten einen allgemeineren Ausdruck nur mit Hilfe beider Perioden.

Ebd. [Braunschweig], 12. April [1796]

[1] Diese Entdeckung der Möglichkeit, das regelmäßige Siebzehneck mit Zirkel und Lineal („geometrisch“) zu konstruieren, bestimmte Gauß endgültig, sich der Mathematik zu widmen. Siehe S. 16–18; [K 2; Klein, Schlesinger]; [K 8].

[2] Vermutlich stark sinnverändernder Formulierungsfehler. Die im Text angegebene Tatsache ist fast trivial. Gauß dürfte vielmehr zu dieser Zeit folgendes bewiesen haben: Zu jeder Primzahl p, $p \geq 5$, gibt es eine unter p liegende ungerade Primzahl q, also mit $q < p$, so daß p quadratischer Nichtrest modulo q ist (entscheidender Hilfssatz für Gauß' ersten Beweis des quadratischen Reziprozitätsgesetzes). Siehe D. A. art. 129. Beweis und moderne Interpretation (von J. Tate) auch bei J. Milnor: Algebraic K-Theory. Princeton, New Jersey: Princeton University Press 1971. § 11.
Vgl. auch [K 2; Klein, Bachmann]; [K 3; Rieger]; [K 12].

[3] Kreisteilungstheorie. „Peripheria“ = volle Kreislinie (entspricht dem Vollwinkel 2π). Erwähnung der Cosinus auch im Brief v. Gauß an Chr. L. Gerling (1789–1864) am 6. 1. 1819 in: Briefwechsel Gauß – Gerling. Hrsg. v. C. Schaefer. Berlin 1927. S. 187. Nach K. Johnsen: Remarks to the Third Entry in Gauss's Diary, Hist. math. 13 (1986), 168–169, bezieht sich die Eintragung auf eine ungerade Primzahl p und die beiden $(p-1)/2$ gliedrigen Kreisteilungsperioden (duae periodi; vgl. Gauß D. A., art. 343), etwa τ_1, τ_2. Dann sind die reellen Zahlen $\cos 2\pi j/p (1 \leq j \leq (p-1)/2$ linear unabhängig über $\mathbf{Q}$, können jedoch linear abhängig über $\mathbf{Q}(\tau_1)$ sein. Die Interpretation in [K 5; Neumann] ist nach Johnsen nicht haltbar.

[4] Erweiterung der Regel für die Reste auf nicht notwendig prime Reste und Moduln.

Göttingen, 29. April [1796]

[5] Verschiedenartige [additive] Zerlegbarkeit jeder beliebigen Zahl in je zwei Primzahlen.

Göttingen, 14. Mai [1796]

[6] Die Koeffizienten der Gleichungen werden leicht durch die addierten Potenzen der Wurzeln gegeben.

Göttingen, 23. Mai [1796]

[4] Verallgemeinertes quadratisches Reziprozitätsgesetz.

[5] Zusammenhang mit dem gewöhnlich nach Chr. Goldbach (1690–1764) benannten Problem der additiven Zahlentheorie.
Vgl. LooKeng Hua: Additive Primzahltheorie. Leipzig: Teubner 1959; K. Prachar: Primzahlverteilung. Berlin/Göttingen/Heidelberg: Springer-Verlag 1957.

[6] Explizite Darstellung der Koeffizienten eines Polynoms durch die Potenzsummen der Wurzeln. Belegt durch Formeln aus dem Nachlaß. Siehe Gauß, Werke, Bd. X/1, S. 128–129. Wohl gefunden ohne Kenntnis von E. Waring (1734–1798): Miscellanea analytica, Cambridge 1762, wo erstmals diese Formeln vollständig formuliert und bewiesen wurden. Für Gauß' Studentenzeit ist die Lektüre von Waring belegt (s. S. 13).
Vgl. auch Nr. [28].

[7] Umformung der Reihe

$$1 - 2 + 8 - 64 \pm \cdots$$

in den Kettenbruch:

$$\cfrac{1}{1+\cfrac{2}{1+\cfrac{2}{1+\cfrac{8}{1+\cfrac{12}{1+\cfrac{32}{1+\cfrac{56}{1+128\cdots}}}}}}}$$

$$1 - 1 + 1\cdot 3 - 1\cdot 3\cdot 7 + 1\cdot 3\cdot 7\cdot 15 + \cdots$$

$$= \cfrac{1}{1+\cfrac{1}{1+\cfrac{2}{1+\cfrac{6}{1+\cfrac{12}{1+28\cdots}}}}}$$

und andere.

Göttingen, 24. Mai [1796]

[7] Beispiele der Durchführung eines Eulerschen Gedankens, divergente Reihen in Kettenbrüche zu entwickeln.
Vgl. auch Nr. [58].
Vgl. [K 2, Schlesinger].

[8] Die einfache Skala in unterschiedlich rekurrenten Reihen ist eine ähnliche Funktion zweiter Ordnung der zusammensetzenden Skalen.

26. Mai [1796]

[9] Vergleiche des in Primzahlen und Faktoren enthaltenen [Anteils am] Unendlichen.

Göttingen, 31. Mai [1796]

[10] Eine Skala, wo die Glieder einer Reihe Produkte oder sogar beliebige Funktionen von den Gliedern beliebig vieler Reihen sind.

Göttingen, 3. Jun. [1796]

[8] Bezieht sich wahrscheinlich auf den Zusammenhang zwischen den Potenzreihenentwicklungen einer rationalen Funktion und ihrer Partialbrüche.
Wenn $G(x)$ ein Polynom von einem Grad kleiner oder gleich $n-1$ ist und

$$\frac{G(x)}{1 - a_1 x - \cdots - a_n x^n}$$

in eine Potenzreihe von x entwickelt wird, etwa

$$s_0 + s_1 x + s_2 x^2 + \cdots \quad ,$$

dann ist

$$s_{n+k} = a_1 s_{n+k-1} + a_2 s_{n+k-2} + \cdots + a_n s_k \ , \quad k = 0, 1, 2, \ldots$$

De Moivre nannte $a_1, \ldots, a_n$ die Skala oder den Index der Reihe.
Vgl. [K 2; Klein, Loewy];.

[9] Wahrscheinlich asymptotische Gesetze über die Verteilung der Primzahlen, der Produkte aus zwei Primzahlen usw.
Vgl. auch Nr. [13].

[10] Rekurrente Reihen.
Vgl. auch Nr. [8].

[11] Die Formel für die Summe der Faktoren einer beliebigen zusammengesetzten Zahl [ist]:

$$\text{allgemeines Produkt [über]} \ \frac{a^{n+1}-1}{a-1} \ .$$

Göttingen, 5. Jun. [1796]

[12] Die Summe der Perioden [mit Hilfe] aller unterhalb eines Moduls als Elemente genommenen Zahlen [ist]:

$$\text{allgemeines Produkt [über]} \ [(n+1)a - na]a^{n-1} \ .$$

Göttingen, 5. Jun. [1796]

[13] Gesetze der Verteilung.

Göttingen, 19. Jun. [1796]

[11] Elementare Zahlentheorie. „Faktor“ bedeutet Teiler von N; das „allgemeine Produkt“ (factum generale) entspricht dem Produktzeichen. Falls also $N = \prod a_i^{n_i}$ die Zerlegung von N in Primzahlpotenzen $a_i^{n_i}$ ist, dann gilt für die Summe aller Teiler von N

$$\sum_{d|N} d = \prod \frac{a_i^{n_i+1} - 1}{a_i - 1} .$$

[12] Erste Deutung nach [K 2; Bachmann]: Kongruenzen nach einem Primzahlmodul.
Zu „allgemeines Produkt“ (factum generale) vgl. Nr. [11]. „Summe“ (Summa) wahrscheinlich als „Gesamtheit“ oder „Anzahl“, „Periode“ (periodus) als Menge der voneinander verschiedenen Potenzen einer Restklasse nach einem Primzahlmodul p. Der Faktor hinter dem Produktzeichen ist wahrscheinlich falsch geschrieben und muß $[(n+1)a - n]a^{n-1}$ lauten, wobei $p - 1 = \prod a^n$ die Primzerlegung von $(p-1)$ ist.
Alternative Deutung nach W. C. Waterhouse: An Elementary Interpretation of Entry 12 in Gauss's Tagebuch, Hist. math. 18 (1991), 173–176.
Man schreibt N als Produkt $\prod a_i^{n_i}$ von Primzahlpotenzen $a_i^{n_i}$. Dann ist vielleicht die Summe aller Zahlen x mit $1 \leq x \leq N$ und $(x, N) = 1$ gemeint. Diese Summe ist gleich $(1/2) \cdot N \cdot \phi(N) = (1/2) \cdot \prod({a_i}^{n_i+1} - {a_i}^{n_i})a_i^{n_i-1}$.

[13] Wahrscheinlich Primzahlverteilung.
Vgl. auch Nr. [9].

[14] Die Summen der Faktoren asymptotisch gleich $= \pi^2/6$ mal Summe der Zahlen.

Göttingen, 20. Jun. [1796]

[15] Ich habe begonnen, über verbundene Multiplikatoren (in den Formen der Teiler der quadratischen Formen) nachzudenken.

Göttingen, 22. Jun. [1796]

[16] Eine neue Darlegung des goldenen Lehrsatzes, von der bisherigen grundsätzlich abweichend und sehr elegant.

27. Jun. [1796]

[17] Jede Zerlegung der Zahl a in drei $\square$ ergibt eine in drei $\square$ zerlegbare Form.

3. Jul. [1796]

[14] Asymptotischer Mittelwert der zahlentheoretischen Funktion $\sigma(n)$ = Summe der Teiler („Faktoren“) von n. Lesart „Sum.“ = „Summa“ wie in: Gauß, Werke, Bd. X/1, S. 13. Gauß behauptet: $\sum_{i=1}^{n} \sigma(i)$ asymptotisch gleich $\pi^2/6 \sum_{i=1}^{n} i$. Beweis zuerst von Dirichlet (1805–1859) 1849 publiziert (Über die Bestimmung der mittleren Werte in der Zahlentheorie. Abh. Ak. Wiss. Berlin 1849, 69–83 = Werke, Bd. 2, 49–66).

[15] Theorie der binären quadratischen Formen. Inhaltliche Beziehung zu einem Nachlaßstück in: Gauß, Werke, Bd. X/1, S. 80–85 (mit Erläuterungen).
„Teiler einer Form $x^2 + Ay^2$“ heißt jede Primzahl p, von der ein Vielfaches pm die Gestalt $pm = x^2 + Ay^2$ mit $(x, y) = 1$ besitzt, oder auch eine quadratische Form $rx^2 + 2sxy + ty^2$ mit der „Determinante“ $s^2 - rt = -A$. Weiteres siehe [K 2; Klein, Bachmann].

[16] Zweiter Beweis des quadratischen Reziprozitätsgesetzes. In einer Bemerkung zu art. 262 der D. A. ist von Gauß der 27. Juli 1796 als Entdeckungsdatum angegeben. Die Monatsangabe „Juli“ ist als Schreibfehler zu betrachten.

[17] Theorie der binären und ternären quadratischen Formen.
Das Zeichen □ bedeutet Quadratzahl oder auch Quadrat einer Linearform. Der Ausdruck „Form“ muß binäre quadratische Form bedeuten.
Vgl. [K 2; Bachmann] und Gauß’ D. A. artt. 280–285 und 288–292.

[17a] Die Summe dreier fortlaufend proportionaler Quadrate kann niemals eine Primzahl sein: wir kennen ein hervorragendes Beispiel, das auch damit übereinstimmend zu sein scheint. Vertrauen wir!

9. Jul. [1796]

[18] Heureka! [= Ich hab's gefunden!] Zahl $= \triangle + \triangle + \triangle$.

Göttingen, 10. Jul. [1796]

[17a] Im Original durchgestrichen und daher schwer lesbar.
Nach [K 2, Bachmann] heißen Zahlen x, y, z „fortlaufend proportional“, wenn $x/y = y/z = m/n$. Die Summe von drei fortlaufend proportionalen Quadraten x^2, y^2, z^2 führt auf die binäre Form vierten Grades $m^4 + m^2n^2 + n^4 = (m^2+mn+n^2)\cdot(m^2-mn+n^2)$. Der Wert dieser Form ist i. a. keine Primzahl. Ein Primzahlwert, nämlich 3, ergibt sich nur für die vier Zahlenpaare $(\pm\ 1, \pm\ 1)$.

[18] Theorie der ternären quadratischen Formen: Jede Zahl ist Summe dreier Dreieckszahlen. Beweis in Gauß' D. A. art. 293. Moderner Beweis siehe bei J.-P. Serre: Cours d'arithmétique. Paris 1970. Chap. IV, appendice.

[19] Die Eulersche Bestimmung der Formen, in denen zusammengesetzte Zahlen mehr als einmal enthalten sind.

[Göttingen, Jul. 1796]

[20] Prinzipien für das Zusammenstellen von Skalen verschiedenartig rekurrenter Reihen.

Göttingen, 16. Jul. [1796]

[19] Theorie der binären quadratischen Formen. Erster Hinweis auf Beschäftigung mit einer der bedeutendsten Entdeckungen L. Eulers (1707–1783) in der multiplikativen Zahlentheorie, der Existenz der numeri idonei (taugliche Zahlen). Gemeint sind die Methoden, die Euler für die Entscheidung der Frage angegeben hat, ob eine vorgegebene Zahl von der Form $4n + 1$ eine Primzahl ist oder nicht; untersucht wird dabei, wie oft eine solche Zahl q in der Gestalt $q = x^2 + ay^2$ mit positiven a, x, y mit $(x, ay) = 1$ dargestellt werden kann. Euler fand insgesamt 65 Zahlen a („numeri idonei“) mit der folgenden Eigenschaft: Wenn (bei festem a) eine solche Darstellung nur auf eine Weise möglich ist, dann ist q eine Primzahl oder das Quadrat einer Primzahl. Dieses Ergebnis wurde später von Gauß in D. A. art. 303 neu begründet.
Vgl. [K 2; Stäckel, Schlesinger]; [K 3; Rieger, B. 4. c)]; I. G. Mel'nikov: Otkrytie Eulerom udobnych čisel. Istor.-mat. issledov. XII (1960) 187–218; Z. I. Borevič, I. R. Šafarevič: Teorija čisel. Izdanie tret'e. Moskva: Nauka 1985. Kap. III, § 8.3.

[20] Rekurrente Reihen. Vgl. auch Nr. [8].

[21] Die Eulersche Methode zum Beweis der Relation zwischen den Rechtecken aus den Abschnitten von sich schneidenden Geraden in Kegelschnitten ist auf alle Kurven angewendet worden.

Göttingen, 31. Jul. [1796]

[22] $a^{2^n \mp 1 (p)} \equiv 1$ ist immer lösbar.

Göttingen, 3. Aug. [1796].

[23] Ich habe genau erkannt, wie die Begründung des goldenen Lehrsatzes tiefer erforscht werden muß, und ich mache mich an dieses Problem, indem ich versuche, über die quadratischen Gleichungen hinauszugehen. Entdeckung der Formeln, die immer nach Primzahlen: $\sqrt[n]{1}$ (numerisch) zerlegt werden können

Ebd. [Göttingen], 13. Aug. [1796]

[24] Nebenbei $(a + b\sqrt{-1})^{m+n\sqrt{-1}}$ entwickelt.

14. [Aug. 1796]

[25] Das Wesentliche der Sache ist jetzt erkannt. Bleibt nur noch übrig, daß die Einzelheiten abgesichert werden.

Göttingen, 16. [Aug. 1796]

[21] „Rechteck aus den Abschnitten“ = Produkt der Abschnitte. Beweis einer auch von Euler 1748 ausgesprochenen Verallgemeinerung (auf beliebige algebraische Kurven) eines Satzes von Appolonius (Konika III, §§17, 19, 22) für Kegelschnitte: Wenn sich zwei Sehnen $AB, A'B'$ in 0 schneiden und wenn man die Sehnen parallel verschiebt, dann bleibt der Quotient $(0A \cdot 0B) : (0A' \cdot 0B')$ ungeändert.
Stäckel liest zu Recht statt applicatum applicata.
Vgl. [K 2; Stäckel].

[22] Unklarer Sachverhalt.
Vgl. [K 2; Bachmann], wo Bachmann eine mögliche Interpretation vorschlägt.

[23] Quadratisches Reziprozitätsgesetz und Theorie der Kongruenzen.
In der Handschrift, letzter Satz, steht qui statt quae.
Vgl. Nr. [30]. Die erwähnten Formeln sind die Polynome $x^\pi - 1$ (π beliebig) und ihre Faktorzerlegungen modulo p, wobei p eine nicht in π steckende Primzahl ist und n durch die Kongruenz $p^n \equiv 1 \pmod{\pi}$ (n positiv und minimal) festgelegt ist.
Vgl. [K 3; Rieger B. 1. b)]; [K 12; Variation 13].

[24] Spezielle Reihenentwicklung.

[25] Die Notiz gibt an sich keinen Bezug auf den sachlichen Inhalt; da sie aber wie die Nr. [22], [23], [26], [27] ebenfalls im Original rot unterstrichen ist, schließt Schlesinger [K 2] auf die Zugehörigkeit zu den dort behandelten Themenkreisen.

[26] $(a^p) \equiv (a) \pmod p$, a Wurzel einer beliebigen irrationalen Gleichung.

Göttingen, 18. [Aug. 1796]

[27] Wenn P [und] Q algebraische Funktionen einer unbestimmten Größe zueinander teilerfremd gewesen sind. Es gilt:

$$tP + uQ = 1$$

einmal in der Zahlentheorie, dann auch in der Buchstabenrechnung.

Göttingen, 19. [Aug. 1796]

[28] Die addierten Potenzen der Wurzeln der vorgelegten Gleichung werden durch die Koeffizienten der Gleichung nach einem sehr einfachen Gesetz ausgedrückt (mit gewissen anderen geometrischen [Dingen] in den Exercitationes).

Göttingen, 21. [Aug. 1796]

[26] Theorie der Kongruenzen. Es bedeutet (a) eine ganze rationale Funktion von x, die a als Wurzel besitzt; entsprechend für a^p.
Vgl. [K 2; Dedekind, Bachmann].

[27] Aus zueinander teilerfremden Polynomen bzw. ganzen Zahlen läßt sich 1 linear kombinieren. Algebra speciata oder speciosa = Buchstabenrechnung (Rechnen mit Polynomen); algebra numerica = Zahlentheorie. Zur Lesart „inc." = „incommensurabiles" (oder „incomparabiles"?) siehe [K 5; Neumann]; [K 6].

[28] Explizite Darstellung der Potenzsummen der Wurzeln eines Polynoms durch dessen Koeffizienten. Belegt durch Formeln im Nachlaß (Gauß, Werke, Bd. X/1, S. 128–129). Diese Formeln wurden wie die von Nr. [6] ebenfalls zuerst von E. Waring 1762 vollständig aufgestellt und bewiesen und unabhängig von L. Euler 1770 induktiv wiedergefunden. Moderner Beweis siehe bei N. Bourbaki: Algebra II. IV, Exerc. 6, §6. Springer-Verlag. Berlin etc. 1990.
Im Text sind die „Exercitationes mathematicae" (Gauß, Werke, Bd. X/1, S. 138–143, mit Anmerkungen von L. Schlesinger, S. 143–144) gemeint.

[29] Summierung der unendlichen Reihe

$$1 + \frac{x^n}{1 \cdots n} + \frac{x^{2n}}{1 \cdots 2n} + \cdots$$

Am selben Tag [21. Aug. 1796]

[30] Gewisse Kleinigkeiten ausgenommen, habe ich glücklich ein Ziel erreicht, nämlich wenn

$$p^n \equiv 1 \pmod{\pi},$$

[dann] wird $x^\pi - 1$ aus Faktoren zusammengesetzt sein, die den Grad n nicht überschreiten, und daraufhin wird die Bedingungsgleichung lösbar sein; von daher habe ich zwei Beweise des goldenen Lehrsatzes abgeleitet.

Göttingen, 2. Sept. [1796]

[31] Die Anzahl ungleicher Brüche, deren Nenner einen gewissen Wert nicht überschreiten, ist zu der Anzahl aller Brüche, deren Zähler oder Nenner unterhalb desselben Wertes verschieden sind, im Unendlichen wie $6 : \pi^2$.

6. Sept. [1796]

[29] Gemeint ist die Reihe

$$1 + \frac{x^n}{n!} + \frac{x^{2n}}{(2n)!} + \cdots .$$

Diese Reihe genügt der gewöhnlichen Differentialgleichung n-ter Ordnung $y^{(n)} = y$ mit der Anfangsbedingung $y(0) = 1,\ y^{(1)}(0) = \cdots = y^{(n-1)}(0) = 0$.
Vgl. [K 2; Schlesinger].

[30] Weitere Beweise des Reziprozitätsgesetzes der quadratischen Reste.
Die „gewissen Kleinigkeiten“ sind erst Juli 1797 behoben, vgl. auch Nr. [68] und Nr. [23].

[31] Die Anzahl $A(n)$ der gekürzten echten Brüche a/b, deren Nenner die Zahl n nicht übersteigt, ist gleich $A(n) = \sum_{i=1}^{n} \varphi(i)$ (φ = Eulersche φ-Funktion); die Anzahl $B(n)$ der Brüche a/b mit $1 \leq a \leq b \leq n$ ist $B(n) = \sum_{i=1}^{n} i = {}^1\!/\!{}_2 n(n+1)$. Gauß behauptet: $\lim_{n\to\infty} (A(n)/B(n)) = {}^6\!/\!{}_{\pi^2}$. Erster Beweis von Dirichlet 1849 publiziert (Siehe die unter Nr. [14] genannte Arbeit).

[32] Wenn $\int^{[x]} \mathrm{d}t/\sqrt{(1-t^3)}$ gesetzt wird $\Pi(x) = z$ und $x = \Phi(z)$, wird

$$\Phi(z) = z - \frac{1}{8}z^4 + \frac{1}{112}z^7 - \frac{1}{1792}z^{10} + \frac{3}{1792 \cdot 52}z^{13} - \frac{3 \cdot 185}{1792 \cdot 52 \cdot 14 \cdot 15 \cdot 16}z^{16} \dots$$

sein.

9. Sept. [1796]

[33] Wenn

$$\Phi\left(\int \frac{\mathrm{d}t}{\sqrt{(1-t^n)}}\right) = x$$

wird

$$\Phi(z) = z - \frac{1 \cdot z^n}{2 \cdot n+1}A + \frac{n-1 \cdot z^n}{4 \cdot 2n+1}B - \frac{n^2-n-1 \cdot [z^n]}{2 \cdot n+1 \cdot 3n+1}C + \cdots$$

sein.

14. Sept. [1796]

[34] Eine leichte Methode zum Finden der Gleichung in y aus der Gleichung in x, wenn vorgegeben wird:

$$x^n + ax^{n-1} + bx^{n-2} + \cdots = y.$$

[16. Sept. 1796]

[32] Hier tritt zum ersten Male im Tagebuch die Umkehrung eines elliptischen Integrals auf. Damit wird ein neuer für das Weitere sehr wichtiger Themenkreis eröffnet.
Im Zähler des Koeffizienten von z^{16} muß es statt 185 heißen 165.
Wie zu seiner Zeit üblich verwendete Gauß die Integrationsvariable auch als obere Integrationsgrenze, ohne dies explizit zu notieren.
Vgl. [K 2; Schlesinger]; [K 6; Gray].

[33] Explizite Umkehrung eines elliptischen (für $n = 3$ oder 4) bzw. hyperelliptischen (für $n \geq 5$) Integrals. Für $n = 3$ ergibt sich die Formel aus Nr. [32]. Es bedeutet A das erste Glied der Reihe, also z, B das mit (-1) multiplizierte zweite Glied der Reihe, C das dritte Glied usw. Dieser Formalismus geht auf Newtons Untersuchung der Binomialreihe zurück.
Vgl. [K 2; Schlesinger].

[34] Gleichungstheorie, vielleicht die Tschirnhaus-Transformation. Vermutlich im Zusammenhang stehend mit Nr. [28].
Vgl. [K 2; Loewy].

[35] Brüche, deren Nenner irrationale Größen (auf welche Art auch immer?) enthält, in andere zu verwandeln, die von diesem Nachteil befreit worden sind.

16. Sept. [1796]

[36] Die Koeffizienten der zur Elimination dienenden Hilfsgleichung sind bestimmt aus den Wurzeln der gegebenen Gleichung.

Am selben Tage [16. Sept. 1796]

[37] Eine neue Methode, mit deren Hilfe es möglich sein wird, die allgemeine Auflösung von Gleichungen zu erforschen und vielleicht auch zu finden.
Es werde nämlich eine Gleichung in eine andere umgewandelt, deren Wurzeln

$$\alpha\varrho' + \beta\varrho'' + \gamma\varrho''' + \cdots$$

sind, wobei

$$\sqrt[n]{1} = \alpha, \beta, \gamma \cdots$$

und die Zahl n den Grad der Gleichung bezeichnet.

17. Sept. [1796]

[35] Vermutlich im Anschluß an Nr. [27] oder durch Erweiterung mit den konjugierten Nennern hat Gauß gesehen, daß jede gebrochene rationale Funktion einer Nullstelle eines (irreduziblen) Polynoms als eine ganze rationale Funktion dieser Nullstelle dargestellt werden kann.

[36] Eliminationstheorie, im möglichen Zusammenhang mit Nr. [89] und [34].
Vgl. [K 2; Loewy].

[37] Selbständige Wiederentdeckung der Lagrangeschen Wurzelzahlen oder Resolventen der Gleichungstheorie. Versuchte Anwendung auf die Auflösung in Radikalen für die allgemeine algebraische Gleichung. 1797 aber kommt Gauß zu der Überzeugung, daß eine solche Auflösung im allgemeinen nicht möglich sei.
Vgl. [K 2; Loewy].

[38] Mir kam in den Sinn, die Wurzeln der Gleichung $x^n - 1\,[\,=0\,]$ aus Gleichungen, die gemeine Wurzeln haben, zu gewinnen, so daß man überhaupt in der Regel nur Gleichungen, die rationale Koeffizienten besitzen, zu lösen braucht.

Braunschweig, 29. Sept. [1796]

[39] Die Gleichung dritten Grades ist diese:

$$x^3 + x^2 - nx + \frac{n^2 - 3n - 1 - mp}{3} = 0\,,$$

wobei $3n+1 = p$ und m die Anzahl der sich als zueinander ähnlich erweisenden kubischen Reste ist. Von daher folgt, wenn $n = 3k$, [dann] wird $m + 1 = 3l$ sein, wenn $n = 3k \pm 1$, wird $m = 3l$ sein. Oder [es sei]

$$z^3 - 3pz + p^2 - 8p - 9pm = 0\,.$$

Dadurch ist m gänzlich bestimmt, $m + 1$ ist immer $\square + 3\square$.

Braunschweig, 1. Oktob. [1796]

[38] Schlüsselwort: „communes radices". Loewy [K 2] versteht darunter „gemeinsame Wurzeln", knüpft an die Zerlegung von $n = q_1, \ldots, q_m$ in Primzahlpotenzen $q_1, \ldots, q_m$ an und vermutet die – allerdings schon Gauß' Vorläufern und Zeitgenossen gut geläufige – Zurückführung von $x^n = 1$ auf die Gleichungen $x^{q_1} = 1, \ldots, x^{q_m} = 1$. H. Reichardt in [K 5; Neumann] vermutet bei der gleichen Übersetzung eine Darstellung von $x^n - 1$ als Produkt der rationalen Funktionen $(x^d - 1)^{\pm 1}$ (d Teiler von n). Vgl. Gauß, Werke, Bd. X/1, S. 116.
O. Neumann übersetzt: „gemeine [d. h. gewöhnliche] Wurzeln", knüpft unmittelbar an Nr. [37] an und vermutet die Einsicht in die Auflösbarkeit der Gleichung $x^n = 1$ durch (irreduzible) Radikale. Siehe [K 5; Neumann].

[39] Angabe von kubischen Resolventen des p-ten Kreisteilungskörpers; $p = 3n+1$ Primzahl. m ist die Anzahl der Lösungen (g^{3s}, g^{3t}) der Kongruenz $1 + g^{3s} \equiv g^{3t} \pmod{p}$; g Primitivwurzel mod p. g^{3s} und g^{3t} sind hier zueinander „ähnliche" kubische Reste.
Vgl. Gauß' D. A. art. 358; Nr. [67]; [K 3; Rieger, A. 4. c)] und den längeren Kommentar [K 2; Klein, Bachmann].

[40] Die Wurzeln der Gleichung

$$x^p - 1 = 0$$

mit ganzen Zahlen multipliziert und addiert können nicht Null hervorbringen.

Braunschweig, ⊙ 9. Okt. [1796]

[41] Über die Multiplikatoren der Gleichungen haben sich gewisse Dinge angeboten, so daß bestimmte Glieder beseitigt werden, was ausgezeichnete [Ergebnisse] verspricht.

Braunschweig, ⊙ 16. Okt. [1796]

[42] Ein Gesetz ist entdeckt: wenn es auch noch bewiesen sein wird, werden wir das System zur Vollendung geführt haben.

Braunschweig, 18. Okt. [1796]

[40] Lineare Unabhängigkeit (über **Q**) der von 1 verschiedenen p-ten Einheitswurzeln für Primzahlen p, also Irreduzibilität des p-ten Kreisteilungspolynoms. Vollständiger Beweis in Gauß' D. A. art. 341. Allerdings benutzt Gauß dort ein Ergebnis aus art. 42, das der um etwa zehn Monate späteren Notiz [69] entspricht. Auf diese Tatsache hatten schon Klein und Loewy in ihrem Kommentar zu [[69] hingewiesen. Eine ausführliche Diskussion siehe bei K. Johnsen; Zum Beweis von C. F. Gauss für die Irreduzibilität des p-ten Kreisteilungspolynoms, Hist. math. 11 (1984), 131–141.
Im Original irrtümlich multiplicati aggregati.
Vgl. auch Nr. [136]. Moderne Verallgemeinerung der Gaußschen Behauptung bei K. Johnsen: Bemerkungen zu einer Tagebuchnotiz von Carl Friedrich Gauß. Hist. Math. 9 (1982) 191–194; ders.: Lineare Abhängigkeiten von Einheitswurzeln, Elem. d. Math. 40 : 3 (1985), 57–59.

[41] Vermutlich bezieht sich dies auf den Versuch der Auflösbarkeit der allgemeinen algebraischen Gleichung in Radikalen. Loewy [K 2] nimmt an, daß Gauß unter „multiplicatores" Transformationen versteht, etwa nach Art derjenigen in Nr. [34].

[42] Unklarer Sachverhalt.

[43] Wir haben GEGAN bezwungen.

Braunschweig, 21. Okt. [1796]

[44] Eine elegante Formel für die Interpolation.

Göttingen, 25. Nov. [1796]

[43] Vor kurzem wurde von H. Grosser ein Gauß-Manuskript in der Göttinger Sternwarte aufgefunden, in dem sowohl die Verschlüsselung NAGEG als auch GEGAN (= NAGEG rückwärts gelesen!) zusammen mit der Skizze einer Lemniskate zu sehen sind. Nach K.-R. Biermann: Vicimus NAGEG. Bestätigung einer Hypothese. Mitt. Gauß-Ges. Göttingen 34 (1997), 31–34, darf nun als sicher gelten, daß sich GEGAN auf das arithmetisch-geometrische Mittel bezieht (wie schon Schlesinger vermutete). Biermann entschlüsselt „(Vivimus) NAGEG“ als „(Vicimus) N[exum medii] A[rithmetico-] G[eometricum] E[xpectionibus] G[eneralibus]“. Einer der Herausgeber (O. N.) hält die Deutung des Buchstabens E für sehr spekulativ; es könnte sehr wohl auch z. B. E[xplicationibus] heißen.
Vgl. die folgenden Interpretationen: K.-R. Biermann: Zwei ungeklärte Schlüsselworte von C. F. Gauß (Versuch und Anregung einer Deutung). Monatsber. d. Dtsch. Akad. d. Wiss. zu Berlin, Bd. 5, Berlin 1963, S. 241–244; E. Schuhmann: Vicimus GEGAN. Interpretationsvarianten zu einer Tagebuchnotiz von C. F. Gauß. NTM Schriftenreihe für Geschichte der Naturwissenschaften, Technik und Medizin 13 (1976) 2, 17–20.

[44] Vermutlich ist die Lagrangesche Interpolationsformel gemeint
Vgl. [K 2; Loewy].

[45] Ich habe begonnen, den Ausdruck

$$1 - \frac{1}{2^\omega} + \frac{1}{3^\omega} + \cdots$$

in eine Reihe umzuwandeln, die nach Potenzen von ω selbst fortschreitet.

Göttingen, 26. Nov. [1796]

[46] Trigonometrische Formeln durch Reihen ausgedrückt.

Im Dez. [1796]

[47] Sehr allgemeine Differentiationen.

23. Dez. [1796]

[48] Ich habe begonnen, eine parabolische Kurve, für die beliebig viele Punkte vorgegeben sind, zu quadrieren.

26. Dez. [1796]

[49] Ich habe den natürlichen Beweis des Lehrsatzes von Lagrange entdeckt.

27. Dez. [1796]

[50]

$$\left.\begin{aligned} \int \sqrt{\sin x} \cdot \mathrm{d}x &= 2 \int \frac{y^2 \mathrm{d}y}{\sqrt{(1-y^4)}} \\ \int \sqrt{\tan x} \cdot \mathrm{d}x &= 2 \int \frac{\mathrm{d}y}{\sqrt[4]{(1-y^4)}} \\ \int \sqrt{\frac{1}{\sin x}} \cdot \mathrm{d}x &= 2 \int \frac{\mathrm{d}y}{\sqrt{(1-y^4)}} \end{aligned}\right\} y^2 = \left\{\begin{array}{l} \sin x \\ \cos x \end{array}\right.$$

7. Jan. 1797

[45] Reihenentwicklung der Zeta-Funktion mal $(1-2^{1-\omega})$. Vor Gauß von Euler, nach Gauß durch Riemann ebenfalls bearbeitet.

[46] Reihenentwicklung.

[47] Verallgemeinerung der Differentiation, auch für gebrochene Ordnungen.

[48] „Parabolische Kurven“ sind hier Kurven der Gestalt $y = a_0x^n + a_1x^{n-1} + \cdots + a_n$.

[49] Theorie der unendlichen Reihen, Beweis des sog. Umkehrsatzes von Lagrange.
Vgl. [K 2; Klein, Schlesinger].

[50] Das erste und das dritte Integral sind lemniskatische Integrale, die hier zum ersten Male im Tagebuch auftreten und im folgenden eine sehr wichtige Rolle spielen. (Der Name rührt daher, daß sie sich bei der Berechnung der Bogenlänge von Lemniskaten, algebraischen Kurven vierter Ordnung von der Gestalt einer Acht ergeben.) Das dritte Integral tritt auch in der nächsten Notiz Nr. [51] auf. Das zweite Integral ist nicht lemniskatisch, es ist daher Spezialfall $n = 4$ des in Nr. [53] betrachteten Integrals.

[51] Ich habe begonnen, die Lemniskate, die von

$$\int \frac{\mathrm{d}x}{\sqrt{(1-x^4)}}$$

abhängt, zu erforschen.

8. Jan. [1797]

[52] Ganz von selbst habe ich die Begründung des Eulerschen Kriteriums entdeckt.

10. Jan. [1797]

[51] Beginn einer neuen, äußerst fruchtbaren Forschungsrichtung. Das hingeschriebene Integral ist die Bogenlänge einer passenden Lemniskate. Gauß beginnt hier, die Koordinaten der Lemniskate als Funktionen des natürlichen Parameters, der Bogenlänge, zu betrachten, mit anderen Worten: die Umkehrfunktion des lemniskatischen Integrals wird untersucht. Umkehrfunktion der lemniskatischen Integrale heißen lemniskatische Funktionen und sind die Analoga der Winkelfunktionen am Kreis. (Vgl. dazu die sehr instruktiven Darstellungen in [K 3; Markuševič], [K 6; Gray] und [K 11; Houzel].) Gauß beginnt, eine selbständige Theorie der lemniskatischen Funktionen zu entwickeln, dehnt in den nächsten Monaten die Untersuchung auf komplexe (!) Argumente aus und erkennt die doppelte Periodizität im Komplexen (vgl. Nr. [60]). Damit vollzieht Gauß einen Schritt von immenser Bedeutung für die gesamte nachfolgende Entwicklung seiner Mathematik, die er den Zeitgenossen nur teilweise und kryptisch andeutet und die der allgemeinen Entwicklung zum Teil um 2–3 Jahrzehnte vorauseilt. Vgl. dazu vor allem [K 11; Houzel].

[52] Nach Euler (historisch richtiger nach Newton) benanntes Kriterium für Integrale der Form

$$\int x^{m-1}(a+bx^n)^{\frac{\mu}{\nu}}\,\mathrm{d}x.$$

Vgl. [K 2; Schlesinger].

[53] Ich habe erwogen, das vollständige Integral

$$\int \frac{\mathrm{d}x}{\sqrt[n]{(1-x^n)}}$$

auf die Quadratur des Kreises zurückzuführen.

12. Jan. [1797]

[54] Eine leichte Methode zur Bestimmung von

$$\int \frac{x^n \mathrm{d}x}{1+x^m}$$

[Jan. 1797]

[55] Zur Beschreibung der Polygone habe ich eine außerordentliche Ergänzung gefunden. Es wird nämlich, wenn $a, b, c, d, \ldots$ die Primfaktoren der um 1 verminderten Primzahl p sind, [zur Konstruktion] des Polygons mit p Seiten nichts anderes benötigt als daß
1. ein gewisser Kreisbogen in $a, b, c, d, \ldots$ Teile zerlegt wird,
2. die Polygone von $a, b, c, d, \ldots$ Seiten konstruiert werden.

Göttingen, 19. Jan. [1797]

[53] Das „vollständige Integral“ (integrale completum) ist das bestimmte uneigentliche Integral zwischen 0 und 1 und wird schon von Euler (Institutiones calculi integralis I, 1768) zu $\pi \cdot (n \cdot \sin \pi/n)^{-1}$ berechnet. $\sin \pi/n$ ist eine rationale Funktion von Einheitswurzeln, also eine algebraische Zahl. Gauß will anscheinend sagen, daß der betreffende Integralwert, was seinen transzendenten Charakter angeht, nur von der Kreiszahl π abhängt. Die unbestimmten Integrale der betrachteten Gestalt sind Integrale auf der heute oft nach P. Fermat (1607/08–1665) benannten Kurve $x^n + y^n = 1$.

[54] Integrationstheorie, ebenfalls, wie Nr. [53], im Anschluß an Euler.
Vgl. [K 2; Klein, Schlesinger].

[55] Kreisteilungstheorie: Gaußsche Perioden und allgemeine Gaußsche Summen.
Auffallende Ähnlichkeit mit dem Text in Gauß’ D. A. art. 360, letzter Absatz. Vgl. auch D. A. art. 352; [K 5; Neumann]; [K 13].

[56] Die Lehrsätze über die Reste $-1, \mp 2$ sind durch eine ähnliche Methode bewiesen wie die anderen.

Göttingen, 4. Febr. [1797]

[57] Die Form

$$a^2 + b^2 + c^2 - bc - ac - ab$$

stimmt, was die Teiler betrifft, mit folgender überein:

$$a^2 + 3b^2 \,.$$

6. Febr. [1797]

[58] Erweiterung der vorletzten Behauptung von Seite 1 [7]; es ist nämlich

$$1 - a + a^3 - a^6 + a^{10} \ldots$$

$$= \cfrac{1}{1 + \cfrac{a}{1 + \cfrac{a^2 - a}{1 + \cfrac{a^3}{1 + \cfrac{a^4 - a^2}{1 + \cfrac{a^5}{1 + \ldots}}}}}}$$

So werden leicht alle Reihen, wo die Exponenten eine Folge zweiter Ordnung bilden, umgeformt.

16. Febr. [1797]

[56] Theorie der quadratischen Reste.
Bei Gauß demonstratae statt demonstrata.
Vgl. D. A. art. 145.

[57] „Teiler der Form“ heißt Primteiler eines Wertes der Form bei zueinander teilerfremden Argumenten analog zu Nr. [15]. Gauß’ Behauptung ist evident auf Grund der Identität $4 \cdot (a^2 + b^2 + c^2 - bc - ac - ab) = (2a - b - c)^2 + 3 \cdot (b - c)^2$. Nach [K 2; Bachmann].

[58] Anschluß an Nr. [7], an die vorletzte These der ersten Tagebuchseite. Theorie der Kettenbrüche, für $a = 2$ folgt Nr. [7].
Vgl. [K 2; Klein, Schlesinger].

[59] Zwischen den Integralformeln der Form

$$\int e^{-t^\alpha} dt \quad \text{und} \quad \int \frac{du}{\sqrt[\beta]{(1+u^\gamma)}}$$

habe ich einen Vergleich angestellt.

2. März [1797]

[60] Warum man beim Teilen der Lemniskate in n Teile zu einer Gleichung des Grades n^2 gelangt.

19. März [1797]

[61] Von den Potenzen des Integrals

$$\int_0^1 \frac{dx}{\sqrt{(1-x^4)}}$$

hängt ab

$$\sum \left(\frac{m^2 + 6mn + n^2}{(m^2+n^2)^4} \right)^k .$$

[März 1797]

[59] Integrationstheorie; Schlesinger [K 2] vermutet, daß als Grenzen 0 und ∞ zu verstehen sind.

[60] Gauß entdeckt den Grund, warum die Teilung der Lemniskate in n Teile auf eine Gleichung des Grades n^2 führt: die doppelte Periodizität der lemniskatischen Funktion im Komplexen.
Auf dem letzten Blatt des Tagebuchs findet sich die folgende Notiz, die auf die Ausdehnung der Untersuchungen auf komplexe Variable hindeutet: „Quantitates imaginariae: Quaeritur criterium generale, secundum quod functiones plurium variabilium complexae ab incomplexis dignosci possint.“ Zu deutsch: „Imaginäre Größen: Gesucht wird das allgemeine Kriterium, nach dem komplexe Funktionen mehrerer Variabler von reellen unterschieden werden können.“
Vgl. S. 133 und [K 4; Markuševič] = [K 3; Markuševič].

[61] Wenn man mit [K 2; Klein, Schlesinger] annimmt, daß $m^4 - 6m^2n^2 + n^4$ anstelle von $mm + 6mn + nn$ zu lesen ist, dann handelt es sich hier erstmalig um die Berechnung der heute nach G. Eisenstein (1823–1852) benannten Doppelreihen mit Hilfe des von 0 bis 1 angenommenen lemniskatischen Integrals.
Vgl. dazu auch [K 6; Gray].

[62] Die Lemniskate läßt sich geometrisch in fünf Teile teilen.

21. März [1797]

[63] Neben vielem anderen, was die Lemniskate betrifft, habe ich bemerkt:

[64] Für den Zusammenhang der Teiler der Form $\Box - \alpha, +1$ mit $-1, \pm 2$ habe ich noch elegantere Beweise gefunden.

Göttingen, 17. Jun. [1797]

[65] Die zweite Ableitung der Theorie der Polygone habe ich verfeinert.

Göttingen, 17. Jul. [1797]

[66] Durch beide Methoden kann gezeigt werden, daß nur reine Gleichungen gelöst zu werden brauchen.

[Jul. 1797]

[67] Was wir am 1. Okt. induktiv gefunden haben, haben wir nun durch Beweis gesichert.

20. Jul. [1797]

[62] Die Fünfteilung der Lemniskate ist mit Zirkel und Lineal ausführbar.
Vgl. [K 2; Klein, Schlesinger].
Zur weiteren Diskussion vgl. M. Rosen: Abel's Theorem on the Lemniscate, Amer. Math. Monthly 88: 6 (1981), 387–395; N. Schappacher: Some Milestones of Lemniscatomy, in: Sinan Sörtez (ed.): Algebraic Geometry, Lect. Notes in Pure and Appl. Math. No. 193, M. Dekker, 1997.

[63] Zur Theorie der lemniskatischen Funktionen (Darstellung als Quotienten von Theta-Funktionen).
Vgl. Werke, X/1, S. 156ff.
Der wirkliche Beweis der fünften Aussage erst im Juli 1798, vgl. Nr. [92].
Vgl. [K 2; Klein, Schlesinger]; [K 4; Markuševič] = [K 3; Markuševič].

[64] Theorie der quadratischen Reste; Primteiler des Ausdruckes $x^2 - \alpha$ in Abhängigkeit von der Form von α.
Vgl. D. A. artt. 147–150.
Vgl. [K 2; Bachmann].

[65] Lösung der Kreisteilungsgleichung erfordert nur die Lösung reiner Gleichungen. Vermutlich Anschluß an Nr. [55].
Vgl. Nr. [66] und [K 5; Neumann].

[66] Vgl. Nr. [65].
Vgl. [K 2; Bachmann].

[67] Vgl. Nr. [39].

[68] Den besonderen Fall der Lösung der Kongruenz

$$x^n - 1 \equiv 0$$

(das heißt, wenn die Hilfskongruenz gleiche Wurzeln hat), der uns so lange gequält hat, haben wir mit glücklichem Erfolg bewältigt, und zwar aus der Lösung der Kongruenzen, wenn der Modul eine Potenz einer Primzahl ist.

21. Jul. [1797]

[69] Wenn

$$\text{(A)} \quad x^{m+n} + ax^{m+n-1} + bx^{m+n-2} + \cdots + n$$

durch

$$\text{(B)} \quad x^m + \alpha x^{m-1} + \beta x^{m-2} + \cdots + m$$

teilbar ist und alle Koeffizienten in (A) a, b, c usw. ganze Zahlen sind, alle Koeffizienten in (B) aber rationale, werden auch diese ausnahmslos ganze Zahlen sein, und das m am Ende wird Teiler des am Ende stehenden n sein.

23. Jul. [1797]

[68] Quadratisches Reziprozitätsgesetz.
Vgl. auch Nr. [30].

[69] Der bekannte und wichtige „Satz von Gauß" über die Teilbarkeit im Polynomring $\mathbf{Z}[x]$. Beweis in D. A. art. 42. In der Handschrift werden die Buchstaben m und n fälschlicherweise sowohl in den Exponenten als auch für die letzten Koeffizienten benützt, obwohl es dafür keinen sachlichen Grund gibt.

[70] Vielleicht können alle Produkte aus

$$(a + b\varrho + c\varrho^2 + d\varrho^3 + \cdots)$$

wobei ϱ alle primitiven Wurzeln für die Gleichung $x^n = 1$ bezeichnet, auf die Form

$$(x - \varrho y)(x - \varrho^2 y) \cdots$$

zurückgeführt werden. Es ist nämlich:

$$(a+b\varrho+c\varrho^2)\times(a+b\varrho^2+c\varrho) = (a-b)^2+(a-b)(c-a)+(c-a)^2$$

$$(a+b\varrho+c\varrho^2+d\varrho^3)\times(a+b\varrho^3+c\varrho^2+d\varrho) = (a-c)^2+(b-d)^2$$

$$\begin{aligned}(a + b\varrho + c\varrho^2 + d\varrho^3 + e\varrho^4 + f\varrho^5)\times &= (a + b - d - e)^2 \\ -(a + b - d - e)(a - c - d - f) &+ (a - c - d - f)^2 \\ &= (a + b - d - e)^2 \\ +(a + b - d - e)(b + c - e - f) &+ (b + c - e - f)^2\end{aligned}$$

Siehe 4. Febr.

Das ist falsch. Hieraus würde nämlich folgen, daß das Produkt aus zwei Zahlen, die in der Form eines Produktes aus den $(x - \varrho y)$ enthalten sind, in derselben Form ist, was leicht widerlegt wird.

[Jul. 1797]

[71] Es wird bewiesen, daß nicht mehrere Perioden der Wurzeln der Gleichung $x^n = 1$ dieselbe Summe haben können.

Göttingen, 27. Jul. [1797]

[70] Aufstellung und skizzenhafte Widerlegung einer Vermutung über Kreisteilungs-Normen.
Im Original steht potest statt possunt.
Nach dem dritten Gleichheitszeichen sind anscheinend einige Vorzeichen verschrieben, denn es gilt die Identität:

$$-(a+b-d-e)(a-c-d+f)+(a-c-d+f)^2 =$$

$$-(a+b-d-e)(b+c-e-f)+(b+c-e-f)^2 \, .$$

Ausführliche Diskussion bei W. C. Waterhouse: A Neglected Note Showing Gauss at Work, Hist. math. 13 (1986), 147–156.
Vgl. [K 2; Klein, Schlesinger].

[71] Kreisteilungstheorie, im Zusammenhang mit Nr. [73].
Bachmann [K 2] vermutet, daß Gauß auf dem Wege zur Einsicht in komplizierte Zusammenhänge war, die sich für zusammengesetztes n ergeben.

[72] Die Möglichkeit der Ebene habe ich bewiesen.

Göttingen, 28. Jul. [1797]

[73] Was wir am 27. Jul. eingeschrieben haben, birgt in sich einen Irrtum: aber um so glücklicher haben wir jetzt die Angelegenheit erledigt, da wir nachweisen können, daß keine Periode eine rationale Zahl sein kann.

1. Aug. [1797]

[74] Auf welche Weise beim Verdoppeln der Anzahl der Perioden Vorzeichen zu setzen sind.

[Aug. 1797]

[75] Die Anzahl der Primfunktionen habe ich durch eine sehr einfache Analyse herausgefunden.

26. Aug. [1797]

[76] Lehrsatz: Wenn

$$1 + ax + bx^2 + \cdots + mx^\mu$$

eine Primfunktion nach dem zweiten Modul p ist, wird

$$d + x + x^p + x^{p^2} + \cdots + x^{p^{\mu-1}}$$

durch diese Funktion nach diesem zweiten Modul teilbar sein usw. usw.

30. Aug. [1797]

[72] Zu den Grundlagen der Geometrie. Gauß schreibt am 6. März 1832 an seinen Jugendfreund W. Bolyai: „Um die Geometrie vom Anfange an ordentlich zu behandeln, ist unerläßlich, die Möglichkeit eines Planums zu beweisen; ...“
Vgl. H. Reichardt: Gauß und die nicht-euklidische Geometrie. Leipzig 1976. Insbes. S. 60ff.

[73] Kreisteilungstheorie. Gauß schreibt probari statt probare und nullum statt nullam.
Vgl. Nr. [71].
Vgl. [K 2, Bachmann].

[74] Vermutlich Kreisteilungstheorie.
Vgl. [K 2; Bachmann].

[75] Theorie der Kongruenzen. Gauß betrachtet den Polynomring $\mathbf{Z}[x]$ modulo (p), p Primzahl, also faktisch den Polynomring $F_p[x]$, F_p endlicher Körper mit p Elementen. Eine „Primfunktion“ entspricht einem irreduziblen Polynom in $F_p[x]$.
Vgl. Gauß’ A. R. artt. 343–344; [K 13].

[76] Vgl. Nr. [75]. Gauß betrachtet hier schon den Polynomring $\mathbf{Z}[x]$ modulo $(f(x), p)$, $f(x) \in \mathbf{Z}[x]$, also faktisch die Algebra $F_p[x]/(\overline{f}(x))$, $\overline{f}(x)$ Restklasse von $f(x)$. Daher der Ausdruck „der zweite Modul p“.
Vgl. Gauß’ A. R. art. 356; [K 13].

[77] Das ist bewiesen, und durch Einführung zusammengesetzter Moduln ist der Weg zu viel Höherem geebnet.

31. Aug. [1797]

[78] [Das Ergebnis vom] 31. Aug. wird allgemeiner jedem beliebigen Modul angepaßt.

4. Sept. [1797]

[79] Ich habe die Grundlagen entdeckt, auf welche die Lösung der Kongruenzen nach zusammengesetzten zweiten Moduln auf die Kongruenzen nach einem linearen zweiten Modul zurückgeführt wird.

9. Sept. [1797]

[80] Es ist durch eine natürliche Methode bewiesen worden, daß Gleichungen imaginäre Wurzeln haben.

Braunschweig, Okt. [1797]

Veröffentlicht in der eigenen Dissertation Aug. 1799.

[81] Neuer Beweis des Pythagoreischen Lehrsatzes.

Braunschweig, 16. Okt. [1797]

[77] Verallgemeinerung von Nr. [76] auf Primzahlpotenzmoduln; Theorie der Kongruenzen.
Vgl. A. R. art. 372.

[78] Hinweis auf die vorangehende Notiz Nr. [77] vom 31. August, bei Gauß im Original wohl Schreibfehler (dort steht 1. August). Theorie der Kongruenzen, Verallgemeinerung von Nr. [76] und Nr. [77] nun für beliebig zusammengesetzten Modul.

[79] Theorie der Kongruenzen, unmittelbarer Zusammenhang mit Nr. [77].
Vgl. A. R. artt. 372ff.

[80] Beweis des Fundamentalsatzes der Algebra. Mit dieser Arbeit wurde Gauß in Helmstedt promoviert. Der Titel der Dissertation lautet: „Demonstratio nova theorematis omnem functionem algebraicam rationalem integram unius variabilis in factores primi vel secundi gradus resolvi posse“; Helmstadii apud C. G. Fleckeisen, 1799.

[81] Beweis im Nachlaß.
Vgl. [K 2; Schlesinger].

[82] Wir haben über die Summe der Reihe

$$x - \frac{1}{2}x^2 + \frac{1}{12}x^3 - \frac{1}{144}x^4 + \cdots$$

nachgedacht und sie gefunden als $= 0$, wenn

$$2\sqrt{x} + \frac{3}{16}\frac{1}{\sqrt{x}} - \frac{21}{1024}\frac{1}{\sqrt{\cdot 3x}} + \cdots = \left(k + \frac{1}{4}\right)\pi.$$

Braunschweig, 16. Okt. [1797]

[83] Gesetzt:

$$l(1+x) = \varphi' x; \quad l(1+\varphi' x) = \varphi'' x; \quad l(1+\varphi'' x) = \varphi''' x \cdots$$

so gilt

$$\varphi^i x = \sqrt[3]{\frac{1}{\frac{3}{2}i} + \cdots}$$

Braunschweig, Apr. [1798]

[84] Klassen gibt es in jeder Ordnung, und von daher ist die Zerlegbarkeit der Zahlen in je drei Quadrate auf eine gesicherte Theorie zurückgeführt.

Braunschweig, Apr. [1798]

[82] Vgl. [K 2; Schlesinger]. Danach Schreibfehler bei Gauß: In der letzten Formelzeile $\sqrt{x^3}$ statt $\sqrt{.3x}$. Siehe auch G. Valiron: Équations fonctionelles. Paris 1945. S. 267.
Die angegebene Potenzreihe ist eine Bessel-Funktion.

[83] Schwierig, einwandfrei zu identifizieren, welche Funktionen gemeint sind. Vgl. den ausführlichen Kommentar von Schlesinger in [K 2].

[84] Nach [K 2; Klein, Bachmann] müßte es ganz genau heißen: „Classis dari in quovis genere cuiusvis ordinis" („In jedem Geschlecht jeder Ordnung gibt es eine Klasse"). Abschließender Satz der Geschlechtertheorie für binäre quadratische Formen („Die Anzahl der wirklich vorkommenden Geschlechter ist gleich der Anzahl der möglichen") und Höhepunkt der Gaußschen Theorie dieser Formen. Vgl. D. A. artt. 287–292; [K 13]; [K 3; Rieger, A. 2. b)].

[85] Einen natürlichen Beweis der Zusammensetzung der Kräfte haben wir gefunden.

Göttingen, Mai [1798]

[86] Den Lagrangeschen Lehrsatz über die Umkehrung der Funktionen habe ich auf Funktionen beliebig vieler Variablen ausgedehnt.

Göttingen, Mai [1798]

[87] Die Reihe

$$1 + \frac{1}{4} + \left(\frac{1 \cdot 1}{2 \cdot 4}\right)^2 + \left(\frac{1 \cdot 1 \cdot 3}{2 \cdot 4 \cdot 6}\right)^2 + \ldots = \frac{4}{\pi}$$

in Verbindung mit der allgemeinen Theorie der Reihen, die in sich den Sinus und Cosinus arithmetisch wachsender Winkel bergen.

Jun. [1798]

[88] Die Wahrscheinlichkeitsrechnung ist gegenüber Laplace verteidigt worden.

Göttingen, 17. Jun. [1798]

[85] Zum Kräfteparallelogramm.
Vgl. [K 2; Stäckel].

[86] Verallgemeinerung des Umkehrsatzes von Lagrange, wohl im Anschluß an Laplace.
Im Original steht functionem statt functionum. Statt transformatione beabsichtigte Gauß, reversione zu schreiben, wie das Original ausweist.
Vgl. [K 2; Schlesinger].

[87] Die Wendung „allgemeine Theorie der Reihen“ bezieht sich, wie aus dem Briefwechsel hervorgeht, auf „den Grad der Konvergenz“.
Vgl. [K 2; Schlesinger] und [K 6; Gray, p. 119].

[88] Diese Bemerkung bezieht sich auf den Zusammenhang der Methode der kleinsten Quadrate mit der Wahrscheinlichkeitsrechnung.
Vgl. Gauß' Brief an Encke vom 23. August 1831.
Vgl. [K 2; Klein, Schlesinger].

[89] Das Problem der Elimination ist so gelöst, daß nichts weiter zu wünschen übrigbleibt.

Göttingen, Jun. [1798]

[90] Verschiedene Feinheiten in bezug auf die Anziehung der Kugel.

[Jun. oder Jul. 1798]

[91a]

$$1 + \frac{1}{9}\frac{1 \cdot 3}{4 \cdot 4} + \frac{1}{81}\frac{1 \cdot 3 \cdot 5 \cdot 7}{4 \cdot 4 \cdot 8 \cdot 8} + \frac{1}{729}\frac{1 \cdot 3 \cdot 5 \cdot 7 \cdot 9 \cdot 11}{4 \cdot 4 \cdot 8 \cdot 8 \cdot 12 \cdot 12} + \ldots$$
$$= 1,02220\cdots = \frac{1,3110\cdots}{3,1415\cdots}\sqrt{6}\left[= \frac{\bar{\omega}}{2}\frac{1}{\pi}\sqrt{6}\right]$$

[1798] Jul.

[89] Vielleicht Eliminationstheorie, im Zusammenhang mit der kritischen Überprüfung vorliegender, aber noch unvollständiger Beweise für den Fundamentalsatz der Algebra. Vgl. Nr. [36] und Nr. [80].
Vgl. [K 2; Loewy].
Ein gänzlich anderer Deutungsvorschlag stammt von G. W. Stewart, dem Übersetzer und Herausgeber einer Latein-Englisch-sprachigen Ausgabe bzw. Übersetzung von Gauß' „Theoria combinationisbus observationum erroribus minimis obnoxiae“ (sowie des Supplementums und zweier Anzeigen) (erschienen als: Classics in Applied Mathematics, vol 11, Philadelphia: SIAM 1995). Stewart deutet die Notiz Nr. [89] als einen Hinweis auf die Entwicklung des Gaußschen Algorithmus bei der Methode der kleinsten Quadrate.

[90] Einzelheiten unbekannt.

[91a] Zur Theorie der lemniskatischen Funktionen.
Vgl. Nr. [92].
Vgl. [K 2; Klein, Schlesinger].

[91b] arc. sin lemn. $\sin\varphi$ − arc. sin lemn. $\cos\varphi = \bar{\omega} - {}^{2\varphi\bar{\omega}}/_{\pi}$

$$\begin{aligned}\text{sin lemnisc. } [\varphi] = {} & 0{,}95500698 \sin[\varphi] \\ & - 0{,}0430495 \sin 3[\varphi] \\ & + 0{,}0018605 \sin 5[\varphi] \\ & - 0{,}0000803 \sin 7[\varphi]\end{aligned}$$

$$\begin{aligned}\sin^2 \text{lemn. } [\varphi] & = 0{,}4569472 \\ & = \frac{\pi}{\bar{\omega}\bar{\omega}} - [0{,}4569472] \cos 2[\varphi] \cdots\end{aligned}$$

$$\begin{aligned}\text{arc. sin lemn. } \sin\varphi = {} & \frac{\bar{\omega}}{\pi}\varphi + \left(\frac{\bar{\omega}}{\pi} - \frac{2}{\bar{\omega}}\right) \sin 2\varphi \\ & + \left(\frac{11}{2}\frac{\bar{\omega}}{\pi} - \frac{12}{\bar{\omega}}\right) \sin 4\varphi + \cdots\end{aligned}$$

$$\begin{aligned}\sin^5[\varphi] = {} & 0{,}4775031 \sin[\varphi] \\ & + 0{,}03 \cdots [\sin 3\varphi] \cdots\end{aligned}$$

[92] Über die Lemniskate haben wir sehr elegante Einzelheiten, die alle Erwartungen übertreffen, dazuerworben, und zwar durch Methoden, die uns ein ganz und gar neues Feld eröffnen.

Göttingen, Jul. [1798]

[93] Lösung eines ballistischen Problems.

Göttingen, Jul. [1798]

[91b] Vgl. Nr. [91a].

[92] Theorie der lemniskatischen Funktionen. Teilweise Weiterführung von Nr. [63].
Vgl. [K 2; Klein, Schlesinger].

[93] Vgl. [K 2; Schlesinger].

[94] Die Theorie über die Kometen habe ich vollkommener gemacht.

Göttingen, Jul. [1798]

[95] Ein neues Feld in der Analysis hat sich uns eröffnet, nämlich die Erforschung der Funktionen usw.

Okt. [1798]

[96] Wir haben begonnen, die höheren Formen zu durchdenken.

Braunschweig, 14. Febr. 1799

[97] Für die Parallaxe haben wir neue, genaue Formeln ermittelt.

Braunschweig, 8. Apr. [1799]

[98] Wir haben bis zur elften Stelle nachgewiesen, daß der Wert des arithmetisch-geometrischen Mittels zwischen 1 und $\sqrt{2} = \pi/\bar{\omega}$ ist; durch diesen Beweis wird uns ganz gewiß ein völlig neues Feld in der Analysis eröffnet werden.

Braunschweig, 30. Mai [1799]

[94] Unklar, ob wirklich die Kometenbewegung gemeint ist; diese Untersuchungen gehören eigentlich erst einer späteren Zeit an.
Vgl. [K 2; Klein, Brendel].

[95] Der Ausbau der Theorie der lemniskatischen Funktionen führt zur Vermutung des Zusammenhanges mit dem arithmetisch-geometrischen Mittel und damit mit der Theorie der elliptischen Funktionen, eine Vermutung, die am 30. Mai 1799 zur Gewißheit wird. Vgl. Nr. [98].
Vgl. [K 2; Klein, Schlesinger]; [K 11].

[96] Theorie der ternären quadratischen Formen.
Vgl. D. A. art. 266.
Vgl. [K 2; Klein].

[97] Mondparallaxe.
Zu den Formeln vgl. [K 2; Galle].

[98] Das sog. einfache arithmetisch-geometrische Mittel $M(a, b)$ von reellen Zahlen a, b mit $a \geq b \geq 0$ ist der gemeinsame Grenzwert der Folgen (a_n) und (b_n), die durch den Algorithmus $a_0 = a, b_0 = b, a_{n+1} = 1/2(a_n + b_n)$ (arithm. Mittel) und $b_{n+1} = \sqrt{a_n b_n}$ (geometr. Mittel) definiert sind. (Hier genügt es zunächst, die Quadratwurzel immer positiv zu nehmen.) Vermutung des Zusammenhangs zwischen dem arithmetisch-geometrischen Mittel und dem elliptischen Integral 1. Gattung, von Gauß sofort in dessen großer Bedeutung erkannt.
Vgl. [K 2; Klein, Schlesinger]; [K 3; Markuševič]; [K 11].

[99] In den Grundlagen der Geometrie haben wir ausgezeichnete Fortschritte gemacht.

Braunschweig, Sept. [1799]

[100] Hinsichtlich der Werte des arithmetisch-geometrischen Mittels haben wir viel Neues entdeckt.

Braunschweig, Novemb. [1799]

[101] Daß das arithmetisch-geometrische Mittel ebenfalls als Quotient zweier transzendenter Funktionen darstellbar ist, hatten wir schon früher gefunden; nun haben wir entdeckt, daß die zweite dieser Funktionen auf Integralgrößen rückführbar ist.

Helmstedt, 14. Dez. [1799]

[102] Das arithmetisch-geometrische Mittel selbst ist eine Integralgröße. Das ist bewiesen.

23. Dez. [1799]

[103] Es ist gelungen, in der Theorie der ternären Formen die reduzierten Formen zu bestimmen.

13. Febr. 1800

[99] Grundlagen der Geometrie; vgl. den Brief von Gauß an seinen Jugendfreund W. Bolyai vom 16. Dezember 1799.

[100] Resümierende Bemerkung über Forschungsergebnisse zum arithmetisch-geometrischen Mittel vor der Abreise nach Helmstedt.

[101] Arithmetisch-geometrisches Mittel.

[102] Vgl. [K 2; Klein, Schlesinger]. Sie interpretieren diese Bemerkung dahin, daß Gauß hier die Tatsache festhält, daß der reziproke Wert des arithmetisch-geometrischen Mittels als Integral einer Differentialgleichung definiert werden kann.
Vgl. [K 3; Markuševič]; [K 11].

[103] Theorie der ternären Formen.
Vgl. D. A. art. 272; [K 3; Rieger].

[104] Die Reihe

$$a\cos A + a'\cos(A+\varphi) + a''\cos(A+2\varphi) + \cdots$$

konvergiert gegen einen Grenzwert, wenn $a, a', a'', \cdots$ eine Progression bilden, die ohne Veränderung des Vorzeichens stetig 0 zustrebt. Das ist bewiesen.

Braunschweig, 27. Apr. [1800]

[105] Die Theorie der transzendenten Größen

$$\int \frac{\mathrm{d}x}{\sqrt{(1-\alpha x^2)(1-\beta x^2)}}$$

haben wir zur höchsten Allgemeinheit weiterentwickelt.

Braunschweig, 6. Mai [1800]

[106] Es ist gelungen, in Braunschweig, am 22. Mai, einen bedeutenden Zusatz zu dieser Theorie zu finden, durch den zugleich alles Vorangegangene, nicht zuletzt die Theorie der arithmetisch-geometrischen Mittel, bestens verknüpft und unbegrenzt erweitert wird.

[Braunschweig, 22. Mai 1800]

[107] An ungefähr denselben Tagen (am 16. Mai) haben wir das chronologische Problem des Osterfestes auf elegante Weise gelöst.
(Veröffentlicht in den liter. Komm. von Zach, Aug. 1800, S. 121, 223).

[16. Mai 1800]

[104] Spezielle Reihenkonvergenz.
Vgl. [K 2; Schlesinger].

[105] Elliptische Integrale, im Zusammenhang mit dem arithmetisch-geometrischen Mittel.
Vgl. [K 2; Klein, Schlesinger]; [K 11].

[106] Vertiefte Einsicht in den Zusammenhang zwischen den elliptischen Funktionen, der Theorie des arithmetisch-geometrischen Mittels und den lemniskatischen Funktionen, auf die Gauß mit der Wendung „alles Vorangegangene“ (omnia praecedentia) anspielt.
Vgl. [K 2; Klein, Schlesinger].

[107] Berechnung des Osterdatums.
Veröffentlicht u. a. unter dem Titel „Berechnung des Osterfestes“, in v. Zachs „Monatliche Correspondenz der Erd- und Himmelskunde“, August 1800.
Vgl. [K 2; Loewy]; [K 7; Felber].

[108] Es ist gelungen, Zähler und Nenner eines (äußerst allgemein angesetzten) Sinus lemniscaticus auf Integralgrößen zurückzuführen; damit sind zugleich die Entwicklungen aller lemniskatischen Funktionen, die man sich nur denken kann, in unendliche Reihen aus natürlichen Grundlagen abgeleitet; eine wirklich wunderbare Entdeckung und keiner der vorangegangenen unterlegen.
Außerdem haben wir an denselben Tagen die Grundlagen entdeckt, nach denen die arithmetisch-geometrischen Reihen interpoliert werden müssen, so daß es nunmehr möglich ist, die Glieder, die in der gegebenen Progression zu einem beliebigen rationalen Exponenten gehören, durch algebraische Gleichungen zu erhalten.

Letzter Mai; 2., 3. Jun. [1800]

[108] Zum Zusammenhang zwischen lemniskatischen und elliptischen Funktionen.
Vgl. [K 2; Klein, Schlesinger].

[109] Zwischen zwei gegebenen Zahlen gibt es immer unendlich viele Werte sowohl des arithmetisch-geometrischen als auch des harmonisch-geometrischen Mittels, deren wechselseitige Verbindung völlig zu erkennen uns das Glück vergönnt hat.

Braunschweig, 3. Juni [1800]

[109] Das sog. einfache harmonisch-geometrische Mittel $H(a,b)$ von reellen Zahlen a, b mit $a \geq b \geq 0$ ist der gemeinsame Grenzwert der Folgen (x_n) und (y_n), die durch den Algorithmus $x_0 = a, y_0 = b, 1/x_{n+1} = 1/2(1/x_n + 1/y_n)$ (harmon. Mittel) und $1/y_{n+1} = \sqrt{1/x_n \cdot 1/y_n}$ (geometr. Mittel) definiert sind, wobei hier die Quadratwurzel immer positiv zu nehmen ist. Man sieht leicht, daß $H(a,b) \cdot M(a,b) = ab$ ist.
Das Wort „zwischen“ in Gauß' Notiz ist nicht im Sinne einer Größenbeziehung zu verstehen. Die Unendlich-Viel-Deutigkeit des arithmetisch-geometrischen (und entsprechend des harmonisch-geometrischen) Mittels in $\mathbf{C}$ kommt dadurch zustande, daß die Quadratwurzel im Algorithmus i. a. zwei Werte annehmen kann. Auf diese Weise nimmt das arithmetisch-geometrische Mittel i. a. abzählbar unendlich viele komplexe Werte an (vgl. dazu [K 11; v. Dávid]). Gauß erkannte den Zusammenhang dieser Werte untereinander mit Hilfe von elliptischen Modulfunktionen (vgl. [K 3; Markuševič]; [K 11]).

[110] Unsere Theorie haben wir nunmehr unmittelbar auf die elliptischen Transzendenten angewendet.

5. Juni [1800]

[111] Die Rektifikation der Ellipse ist auf drei verschiedene Weisen gelöst.

10. Juni [1800]

[112] Wir haben einen völlig neuen numerisch-exponentialen Rechenweg entdeckt.

12. Juni [1800]

[113] Das Problem aus der Wahrscheinlichkeitsrechnung hinsichtlich der Kettenbrüche, das einstmals vergeblich untersucht worden ist, haben wir gelöst.

25. Okt. [1800]

[114] 30. Nov. Ein glücklicher Tag ist der gewesen, an dem es uns geschenkt worden ist, die Anzahl der Klassen der binären Formen auf dreifachem Wege zu bestimmen. Nämlich:

1. mittels eines unendlichen Produktes,
2. mittels einer unendlichen Reihe,
3. mittels einer endlichen Reihe der Kotangenten oder der Logarithmen der Sinus.

Braunschweig, [30. Nov. 1800]

[110] Zur Theorie der elliptischen Integrale. Unter „elliptischen Transzendenten“ hat man wohl elliptische Integrale erster Gattung zu verstehen.
Vgl. [K 2; Klein, Schlesinger].

[111] Rektifikation der Ellipse.

[112] Vermutlich Berechnung der Potenzen der Zahl e.
Vgl. [K 2; Klein, Schlesinger].

[113] Metrische Theorie der Kettenbrüche. Vermutung über den Grenzwert von Wahrscheinlichkeiten, die mit Kettenbruchentwicklungen von beliebigen reellen Zahlen zusammenhängen. Erst 1928/29 bewiesen.
Vgl. dazu [K 9]; [K 3; Gnedenko, S. 202ff.].

[114] Theorie der binären quadratischen Formen; Klassenzahlformeln.
Vgl. Nr. [115]; [K 2; Bachmann]; [K 13].

[115] 3. Dez. Eine vierte und die von allen einfachste Methode für die negativen Determinanten, aus der alleinigen Menge der Zahlen ϱ, ϱ' usw. gewonnen, haben wir entdeckt, wenn $Ax + \varrho$, $Ax + \varrho'$, ... die linearen Formen der Teiler der Form $\square$ + D sind.

Ebd. [Braunschweig, 3. Dez. 1800]

[116] Es ist bewiesen, daß die Teilung des Kreises unmöglich auf niederere Gleichungen, als unsere Theorie ergibt, zurückgeführt werden kann.

Braunschweig, 6. Apr. [1801]

[117] An diesen Tagen haben wir gelehrt, das Osterfest der Juden durch eine neue Methode zu bestimmen.

1. Apr. [1801]

[118] Eine fünfte Methode, den Fundamentallehrsatz zu beweisen, hat sich mit Hilfe eines sehr eleganten Lehrsatzes aus der Theorie der Kreisteilung angeboten; nämlich

$$\begin{array}{r} \sum \left.\begin{matrix}\sin\\ \cos\end{matrix}\right\} \dfrac{n^2}{a}P = \\ \text{wobei } a \equiv \end{array} \begin{array}{c|c|c|l} +\sqrt{a} & 0 & 0 & +\sqrt{a} \\ +\sqrt{a} & +\sqrt{a} & 0 & 0 \\ 0 & 1 & 2 & 3 \quad (\mathrm{mod}\ 4) \end{array}$$

ist [und] für n alle Zahlen von 0 bis $a-1$ eingesetzt werden.

Braunschweig, Mitte Mai [1801]

[115] Im Anschluß an Nr. [114]. „Determinante“ = Diskriminante im heutigen Sprachgebrauch. Explizite Klassenzahlformel für negative Diskriminanten. $Ax + \varrho, Ax + \varrho'$ usw. bedeuten die arithmetischen Progressionen, in denen nach dem quadratischen Reziprozitätsgesetz die Teiler der Zahlen $a^2 + D$ bei $(a, 2D) = 1$ liegen.
Vgl. D. A. art. 306; [K 2; Klein, Bachmann]; [K 3; Rieger, B. 4. b)]; [K 13].

[116] Kreisteilungstheorie. Die gleiche Behauptung ist in D. A. art. 365 angezeigt. Ein Gaußscher Beweis ist nicht bekannt. Loewy [K 2] lieferte einen Beweis mit Gaußschen Mitteln (ohne Galois-Theorie).

[117] Osterrechnung.
Publiziert unter dem Titel „Berechnung des jüdischen Osterfestes“, in: v. Zachs „Monatliche Correspondenz der Erd- und Himmelskunde“, Mai 1802.
Vgl. [K 2; Klein, Loewy]; [K 7; Felber].

[118] Aus den Formeln und dem Text geht hervor, daß Gauß damals einen Weg gefunden hatte, aus der zu diesem Zeitpunkt nur vermuteten Vorzeichenbestimmung der Gaußschen Summen das quadratische Reziprozitätsgesetz abzuleiten. Die verbleibende Lücke wurde erst durch die Notiz Nr. [123] geschlossen.
Vgl. [K 12].

[119] Eine neue, ganz einfache und sehr bequeme Methode zur Erforschung der Elemente der Bahnbewegungen der Himmelskörper.

Braunschweig, Mitte Sept. [1801]

[120] Eine Theorie über die Bewegung des Mondes haben wir in Angriff genommen.

Aug. [1801]

[121] Wir haben sehr viele neue, für die theoretische Astronomie äußerst nützliche Formeln herausgefunden.

Oktober 1801

[122] In den folgenden Jahren 1802, 1803, 1804 haben die astronomischen Beschäftigungen einen sehr großen Teil der Freizeit in Anspruch genommen, vor allem die angestellten Berechnungen in bezug auf die Theorie der neuen Planeten. So ist es dazu gekommen, daß dieses Tagebuch in diesen Jahren vernachlässigt worden ist. Und daher sind auch die Tage, an denen es gelungen ist, irgend etwas zur Förderung der Mathematik beizutragen, dem Gedächtnis entfallen.

[119] Himmelsmechanik; dabei unklar, auf welche besondere Methode sich die Notiz bezieht.
Vgl. auch Nr. [120].
Vgl. [K 2; Brendel].

[120] Vermutlich zur gleichen Zeit notiert wie Nr. [119]. Im Brief an Schumacher vom 23. Januar 1824 schildert Gauß, daß das Bekanntwerden der Beobachtung der Ceres durch Piazzi ihn von der Himmelsmechanik des Mondes weg „in eine ganz andere Richtung“ zog.
Vgl. Nr. [119]; Nr. [121].
Vgl. [K 2; Brendel].

[121] Himmelsmechanik, vermutlich im Zusammenhang mit der Bahnberechnung der von Piazzi entdeckten Ceres.

[122] Gauß spielt an u. a. auf seine Arbeiten über Bahn und Störungen der Ceres.
Vgl. [K 2; Brendel].

[123] Die Beweisführung des sehr schönen Lehrsatzes, oben Mai 1801 erwähnt, die wir vier Jahre lang und darüber hinaus mit aller Anstrengung gesucht hatten, haben wir endlich vollendet. Commentationes recentiores, I.

30. Aug. 1805

[124] Die Theorie der Interpolation haben wir weiterhin verfeinert.

Novembr. 1805

[125] Eine neue, sehr vollendete Methode, ausgehend von zwei heliozentrischen Örtern die Elemente eines sich um die Sonne herumbewegenden Körpers zu bestimmen, haben wir entdeckt.

Januar 1806

[126] Eine Methode, aus drei geozentrischen Örtern eines Planeten dessen Bahn zu bestimmen, haben wir zum höchsten Grade der Vollendung geführt.

Mai 1806

[127] Eine neue Methode des Zurückführens einer Ellipse und einer Hyperbel auf eine Parabel.

April 1806

[123] Vorzeichenbestimmung der Gaußschen Summen (zu quadratischen Restcharakteren). Damit Beweis der in Nr. [118] benutzten Vermutung.
Vgl. Brief von Gauß an Olbers vom 3. September 1805.
Der Literaturhinweis bezieht sich auf die „Commentationes societatis regiae scientiarum Gottingensis recentiores“, Vol. I, 1811 mit der Abhandlung „Summatio quarumdam serierum singularium“.
Vgl. [K 2; Klein].

[124] Interpolation, vermutlich im Zusammenhang mit Himmelsmechanik.
Vgl. [K 2; Klein, Schlesinger].

[125] Himmelsmechanik.
Vgl. Brief von Gauß an Olbers vom 3. Februar 1806.
Vgl. „Theoria motus“, artt. 83–97.
Vgl. [K 2; Brendel].

[126] Himmelsmechanik, Planetenbahnen.
Vgl. „Theoria motus“, II, artt. 115–163.

[127] Himmelsmechanik, Kometenbahnen.
Vgl. „Theoria motus“, artt. 33ff.

[128] Ungefähr zur selben Zeit haben wir die Zerlegung der Funktion ${x^p-1}/{x-1}$ in vier Faktoren abgeschlossen.

[April–Mai 1806]

[129] Eine neue Methode zur Bestimmung der Bahn eines Planeten aus vier geozentrischen Örtern, von denen die zwei letzten unvollständig sind.

21. Jan. 1807

[130] Die Theorie über die kubischen und biquadratischen Reste ist begonnen worden.

15. Febr. 1807

[131] Das Dargelegte am 17. Febr. weiter verfeinert und vollendet. An der Beweisführung fehlt es bis jetzt noch.

17. Febr. 1807

[132] Der Beweis dieser Theorie ist nun durch eine sehr elegante Methode so gefunden, daß sie ganz und gar vollendet ist und nichts weiter zu wünschen übrigbleibt. Und somit werden gleichzeitig die quadratischen Reste und die Nichtreste hervorragend erklärt.

22. Febr. 1807

[128] Kreisteilung.
Vgl. [K 2; Bachmann].

[129] Himmelsmechanik, Planetenbahnen.
Vgl. „Theoria motus“, II, artt. 164–171.
Vgl. [K 2; Brendel].

[130] Kubische und biquadratische Reste.
Die Datierung „1807“ ist mit anderen Zeitangaben von Gauß zu vergleichen, etwa in der Abhandlung „Theorematis fundamentalis ... Demonstrationes et amplicationes novae ...“ (Comment. ... Gotting. vol. IV, 1818): „Als ich nämlich vom Jahre 1805 ab die Theorie der kubischen und biquadratischen Reste ... zu durchforschen begonnen hatte“ (zitiert nach [K 13], S. 497). Auch in der „Theoria residuorum biquadraticorum, Comment. secunda“ (Comment. ... Gotting. vol. VII, 1832) steht: „Nachdem wir schon im Jahre 1805 über diesen Gegenstand nachzudenken begonnen hatten ...“ (art. 30) (zitiert nach [K 13], S. 540). Weitere Hinweise in der gleichen Richtung von F. Klein und L. Schlesinger in: Gauß, Werke, Bd. X/1, S. 566.

[131] Kubische und biquadratische Reste.
Vgl. Nr. [133].

[132] Kubische und biquadratische Reste.
Vgl. Nr. [133].

[133] Die Lehrsätze, die der vorangegangenen Theorie Fortbildungen von höchster Bedeutung hinzufügen, sind durch elegante Beweisführung gesichert (nämlich für welche primitive Wurzeln b selbst als positv und für welche als negativ angesetzt werden muß,

$$a^2 + 27b^2 = 4p; \quad a^2 + 4b^2 = p$$

).

24. Febr. [1807]

[134] Einen völlig neuen Beweis des Fundamentallehrsatzes, der auf ganz und gar elementare Grundlagen gestützt ist, haben wir entdeckt.

6. Mai [1807]

[135] Die Theorie der Teilung in 3 Perioden (art. 358) ist auf weit einfachere Grundlagen zurückgeführt worden.

10. Mai. 1808

[136] Daß die Gleichung

$$X - 1 = 0,$$

die alle primitiven Wurzeln der Gleichung

$$x^n - 1 = 0$$

enthält, nicht in Faktoren mit rationalen Koeffizienten zerlegt werden kann, ist bei zusammengesetzten Werten von n selbst bewiesen.

12. Jun. 1808

[133] Die in den Nrn. [130] bis [133] gemeinten Ergebnisse sind eingegangen in die „Theoria residuorum biquadraticorum, Commentatio prima“ in den „Commentationes …“, Vol. VI, Göttingen 1828.
Vgl. [K 2; Klein, Schlesinger].

[134] Ein weiterer, sechster Beweis des quadratischen Reziprozitätsgesetzes mit Hilfe des „Gaußschen Lemmas“ (aus der Theorie der quadratischen Reste).
Vgl. [K 2; Klein]; [K 12].

[135] Kreisteilung.
Der Einschub bezieht sich auf den entsprechenden Artikel der „Disquisitiones Arithmeticae“.
Vgl. [K 2; Klein, Bachmann].

[136] Irreduzibilität der allgemeinen Kreisteilungsgleichung. Vermutlich Schreibfehler: $X - 1 = 0$ statt richtig $X = 0$. Ein Gaußscher Beweis ist wie bei Nr. [116] nicht bekannt. Rekonstruktion eines Beweises mit Gaußschen Mitteln bei Loewy [K 2]. Der erste einwandfreie Beweis wurde 1854 von L. Kronecker (1823–1891) gegeben.

[137] Die Theorie der kubischen Formen, die Lösung der Gleichung

$$x^3 + ny^3 + n^2z^3 - 3nxyz = 1 ,$$

habe ich in Angriff genommen.

23. Dez. [1808]

[138] Der Lehrsatz über den kubischen Rest [–Charakter von] 3 ist durch eine spezielle, elegante Methode bewiesen, und zwar durch Betrachtungen der Werte $x+1/x$, wobei je drei immer [die Werte] $a, a\varepsilon, a\varepsilon^2$ haben, ausgenommen die zwei, die $\varepsilon, \varepsilon^2$ geben, und diese aber sind

$$\frac{1}{\varepsilon - 1} = \frac{\varepsilon^2 - 1}{3}, \quad \frac{1}{\varepsilon^2 - 1} = \frac{\varepsilon - 1}{3}$$

und somit das Produkt $\equiv 1/3$.

6. Jan. 1809

[139] Die Reihen, die das arithmetisch-geometrische Mittel betreffen, sind weiterentwickelt worden.

20. Jun. 1809

[140] Die Fünfteilung für die arithmetisch-geometrischen Mittel haben wir gelöst.

29. Jun. 1809

[137] Zerlegbare kubische Formen. Die angegebene kubische Form ist die Norm der Zahl $x + y\sqrt[3]{n} + z(\sqrt[3]{n})^2$ $(x, y, z \in \mathbf{Z})$ aus dem Zahlring $\mathbf{Z}[\sqrt[3]{n}]$. Gauß untersucht hier also die Einheiten von $\mathbf{Z}[\sqrt[3]{n}]$ mit der Norm $+1$.

[138] Kubische Reste. Unter ε ist eine Wurzel der Kongruenz $\varepsilon^2 + \varepsilon + 1 \equiv 0(p)$, p Primzahl der Form $3n + 1$, zu verstehen, also eine primitive dritte Einheitswurzel modulo p.

[139] Elliptische Funktionen.
Vgl. [K 2; Klein, Schlesinger].

[140] Arithmetisch-geometrisches Mittel.

[141] Das vorangegangene Verzeichnis, das durch die Ungunst der Zeiten erneut unterbrochen worden ist, nehmen wir am Anfang des Jahres 1812 wieder auf. Im Nov. 1811 war es geglückt, einen rein analytischen Beweis des Fundamentallehrsatzes in der Lehre der Gleichungen zu vervollkommnen; aber da nichts auf Papier aufbewahrt gewesen ist, war ein wesentlicher Teil ganz und gar dem Gedächtnis entfallen. Diesen haben wir, nachdem er recht lange Zeit vergeblich gesucht worden ist, endlich glücklich wiedergefunden.

29. Febr. 1812

[142] Wir haben eine ganz und gar neue Theorie der Anziehung der elliptischen Sphäroide auf außerhalb des Körpers gelegene Punkte entdeckt.

Seeberg, 26. Sept. 1812

[143] Auch die übrigen Teile derselben Theorie haben wir durch eine neue Methode von wunderbarer Einfachheit vollendet.

Göttingen, 15. Okt. 1812

[144] Die Grundlage einer allgemeinen Theorie der biquadratischen Reste, die fast sieben Jahre lang mit größter Anstrengung, aber immer vergeblich gesucht worden war, haben wir endlich glücklich am selben Tage entdeckt, an dem uns ein Sohn geboren worden ist.

Göttingen, 23. Okt. 1813

[141] Fundamentalsatz der Algebra, ein weiterer Beweis. Unter dem Titel „Demonstratio nova altera theorematis, omnem functionem algebraicam rationalem integram unius variabilis in factores reales primi vel secundi gradus resolvi posse“ 1816 in den „Commentationes ...“ von Göttingen, Vol. III, veröffentlicht. „Rein analytisch“ = „rein algebraisch“ im heutigen Sprachgebrauch.

[142] Gravitationsfeld eines homogenen Ellipsoides.
Vgl. Nr. [143].
Mit Seeberg ist die Sternwarte bei Gotha gemeint.

[143] Gravitationsfeld eines homogenen Ellipsoides.
Vgl. „Theoria attractionis corporum sphaeroidicorum ellipticorum homogeneorum, methodo nova tracta“, in den „Commentationes ...“ , Vol. II, Göttingen 1813.

[144] Aufbau der Theorie der biquadratischen Reste ausgehend von der Arithmetik des Ringes $\mathbf{Z}[\sqrt{-1}]$ („Gaußsche ganze Zahlen“). Außerordentlich wichtige „Erweiterung des Feldes der Arithmetik“. Veröffentlicht in der „Theoria residuorum biquadraticorum. Comment. secunda“ [Comment. ... Gotting. vol. VII, 1832 (!)]. Für die Untersuchung von $\mathbf{Z}[\sqrt{-1}]$ spricht auch die Notiz Nr. [146], in der von (Gaußschen) Primzahlen $a + bi$ die Rede ist.
In der vorliegenden Notiz ist der Sohn Wilhelm aus der zweiten Ehe von Gauß mit Minna geb. Waldeck gemeint.
Vgl. [K 13; S. 534–586]; [K 3; Rieger, B. 3. b), c)].

[145] Das ist das Scharfsinnigste von allen Dingen, die wir jemals vollendet haben. Es ist daher kaum der Mühe wert, hier noch die Erwähnung gewisser Vereinfachungen, die die Berechnung parabolischer Bahnen betreffen, einzufügen.

[146] Eine sehr wichtige Beobachtung, auf induktivem Wege gewonnen, die sehr elegant die Theorie der biquadratischen Reste mit den lemniskatischen Funktionen verknüpft. Nämlich, wenn $a+bi$ Primzahl ist, [und] $a-1+bi$ durch $2+2i$ teilbar, wird die Anzahl aller Lösungen der Kongruenz

$$1 \equiv x^2 + y^2 + x^2y^2 \pmod{a+bi},$$

einschließlich

$$x = \infty,\ y = \pm i; \quad x = \pm i,\ y = \infty,$$

sein

$$= (a-1)^2 + b^2$$

9. Jul. 1814

[145] Himmelsmechanik, Kometenbahnen.

[146] Genaue Anzahl der Lösungen einer Kongruenz, die eine Kurve vom Geschlecht 1 über einem endlichen Körper definiert. Prototyp moderner Aussagen über die Anzahl der Punkte auf projektiven algebraischen Varietäten über endlichen Körpern.
Vgl. [K 10].
Im Original ist die Kongruenz mit dem Gleichheitszeichen geschrieben.
Nach A. Weil ist die Kurve

$$1 = x^2 + y^2 + x^2y^2$$

durch die Substitution $z = y(1+x^2)$ birational äquivalent zur Kurve $z^2 = 1 - x^4$, wodurch die Verbindung zu den lemniskatischen Funktionen hergestellt wird.
In Gauß' späterer Terminologie ist die hier benutzte komplexe Primzahl $a + bi$ ein „numerus primarius" („Primärzahl").

Abschließende Bemerkung

Das eigentliche Tagebuch schließt mit der Nr. [146]. Die weiteren Blätter des Heftes sind mit verschiedenartigen Notizen beschrieben. Als aufschlußreiches Beispiel zeigt die nachfolgende Seite eine Liste von Personen und gelehrten Gremien in Europa, die z. T. die vorderste Linie der damaligen Mathematik repräsentierten und denen Gauß je ein Exemplar seiner Dissertation von 1799 (vgl. dazu Notiz Nr. [80]) in der Hoffnung auf kompetentes Urteil zugesandt hat. (Die abgebildete Liste wurde bereits von K.-R. Biermann 1977 in der ersten hier in [K 7] angeführten Publikation kommentiert.)
Auf der Innenseite des Einbandes stehen die folgenden Sinnsprüche:

Nil desperare Niemals aufgeben!
Im Sinne von: angestrengt, beharrlich nachdenken.

Habeant sibi Mögen sie es für sich behalten! (Meinetwegen!)
Wahrscheinlich im Zusammenhang mit der in der Einführung, S. 8, gekennzeichneten Eigenart von Gauß.

Qua exeas habes Von den (richtigen) Prämissen hängt die Lösung ab.

Exemplare meiner DEMONSTR. NOV. abgegeben
bis zum lezten Nov. 1799 — an

Academie zu Berlin
Academie zu Petersburg
Bartels
Butler
Chauvelot
Eschenburg
Euler
Facultät zu Helmstedt
Fuß
Helwig
Herzog
Hindenburg
Kästner
Klügel
Leiste
Mahner
Mollweyde
Olbers
Pfaff
Rohde
Schubert
Schulze
Societät zu Göttingen
Societät zu London
v. Stamford
Tamfer
v. Tempelhoff
Volkmar
Wood
v. Zach
v. Zimmermann

Lady Drake
Fischer
LaGrange
Hobert, Ideler
Nationalinstitut
*
Seyffer

nach

Berlin
Braunschweig
Bremen
Cambridge
Gotha
Göttingen
Halle
Hamburg
Helmstedt
Leipzig
London
Paris
Petersburg
Potsdam
Wolfenbüttel

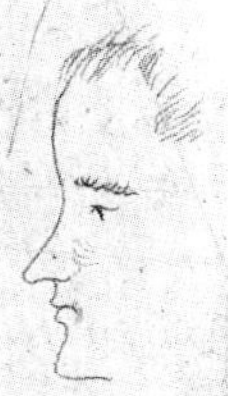

Bartels
Mollweyde
Klügel

Ostwalds Klassiker der exakten Wissenschaften
im Wissenschaftlichen Verlag Harri Deutsch, Frankfurt am Main
http://www.harri-deutsch.de/ostwalds